刀工技艺

思逸 编著

浙江科学技术出版社

图书在版编目（CIP）数据

刀工技艺 / 思逸编著. —杭州：浙江科学技术出
版社，2017.7
ISBN 978-7-5341-7486-5

Ⅰ．①刀… Ⅱ．①思… Ⅲ．①烹饪－原料－加工
Ⅳ．①TS972.111

中国版本图书馆CIP数据核字（2017）第034575号

书 名	刀工技艺		
编 著	思 逸		
出版发行	**浙江科学技术出版社**		
	杭州市体育场路347号　　邮政编码：310006		
	办公室电话：0571-85176593		
	销售部电话：0571-85062597　0571-85058048		
	E-mail：zkpress@zkpress.com		
排 版	广东炎焯文化发展有限公司		
印 刷	杭州富春印务有限公司		
经 销	全国各地新华书店		
开 本	889×1194　1/16	印 张	12
字 数	150 000		
版 次	2017年7月第1版	印 次	2017年7月第1次印刷
书 号	ISBN 978-7-5341-7486-5	定 价	55.00元

责任编辑　王巧玲　仝 林　　　　**责任美编**　金 晖
责任校对　马 融　　　　　　　　**责任印务**　田 文

前言

PREFACE

　　中国素有"烹饪王国"之称，美味佳肴驰名中外。中国菜肴刀工精细、配料巧妙。三分灶，七分案，刀工是烹饪的基础。刀工技艺的优劣直接影响着菜肴的色、香、味、形。"食不厌精，脍不厌细"，"割不正不食"，这些都说明了刀工技艺的重要性。形象生动的花刀剞法既是烹饪文化中的瑰宝，也能为菜肴增添光彩，让菜肴更美味。

　　刀工，是中国菜的一大特色，块、片、条、丁、丝、末等形态多变，切、拉、剁、剞等手法灵活，雕镂细刻更是举世无双。学习烹饪就要先学会刀工，刀工有多种运刀方法，需要经过长期坚持不懈的磨练才能达到娴熟的程度。

　　本书不仅详细介绍了刀工技艺的基础知识，包括刀工要点、技法、成型工艺等实用知识，还以实例为基础，向读者展示具体的刀工技艺应用，内容丰富，图文并茂，科学实用，既可以作为烹饪工作者的学习培训教材，也可以作为家庭厨艺爱好者的参考书。

目 录
CONTENTS

第一章 刀工基础   1

第一节 刀工的定义与作用   2

第二节 刀工要点   6
1.整齐划一   6
2.断连分明   6
3.配合烹调   7
4.合理运用   7
5.物尽其用   7

第三节 刀工食材   8
1.韧性原料   8
2.脆性原料   9
3.软性原料   9
4.硬实性原料   10
5.松散性原料   10
6.带骨、带壳原料   11

第四节 刀具   12
1.刀具种类与用途   12
2.刀具的保养   16
3.磨刀的工具和方法   19

第五节 持刀要点   20
1.站案   20
2.持料   21
3.握刀   22
4.操作   23

第二章 刀工技法   25

第一节 直刀法   26
1.切   26
2.剁   33
3.砍   34

第二节 平刀法   37
1.平刀直片   37
2.平刀推片   38
3.平刀拉片   40
4.平刀推拉片   41
5.平刀滚料片   42
6.平刀抖片   44

第三节 斜刀法   45
1.正斜刀片   45
2.反斜刀片   46

第四节 剞刀法   47
1.直刀剞   47
2.直刀推剞   48
3.斜刀推剞   49
4.斜刀拉剞   50

第五节 其他刀法 51
1.削 51
2.剔 51
3.刮 52
4.捶 52
5.剁 52
6.背 53
7.剖 53
8.拍 53

第六节 切菜小技巧 54

第三章 刀工成形 55

第一节 基本工艺 56
1.块 56
2.片 59
3.段 63
4.丁 63
5.粒 64
6.末 65
7.蓉、泥 65
8.丝 66
9.条 67
10.球 68

第二节 花刀工艺 69
1.斜一字花刀 69
2.柳叶花刀 70
3.十字花刀 70
4.葡萄花刀 71
5.牡丹花刀 71
6.松鼠鱼花刀 72
7.菊花花刀 73
8.麦穗花刀 73
9.荔枝花刀 74
10. 蓑衣花刀 74
11.兰花花刀 75
12.玉翅花刀 75
13.麻花花刀 76
14.凤尾花刀 76
15.梳子花刀 77
16.灯笼花刀 77
17.如意花刀 78
18.剪刀花刀 78
19.花枝花刀（蝴蝶片） 79
20.梭子花刀 79
21.各种平面花边形 80

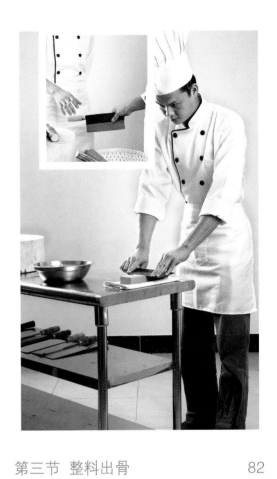

第三节 整料出骨 82
1.整料出骨的作用 82
2.整料出骨的要求 83
3.鸡、鸭整料出骨实例示范 84

第四章 刀工应用 88

第一节 辅料刀工要领 89

第二节 辅料中的常用料头 92

第三节 热菜刀工技法 94
1.单一料的刀工技法 94
2.主辅料搭配的刀工技法 98
3.混合料的刀工技法 100

第四节 冷菜刀工技法与拼配方法 104
1.冷盘成形常用刀法 104
2.冷盘拼摆的基本方法 106
3.冷盘的装盘手法 107
4.冷盘装盘的类型和样式 108

第五节 蔬菜 114
1.初加工 114
2.加工实例 115

第六节　水产品　　　　　　130

1. 初加工　　　　　　　　130
2. 加工实例　　　　　　　131

第七节　肉　　　　　　　　146

1. 初加工　　　　　　　　146
2. 加工实例　　　　　　　148

第一章

刀工基础

第一节 刀工的定义与作用

烹饪伴随着人类的劳动实践而出现，又伴随着人类文明的进行而发展。刀工是烹饪技术中至关重要的一环，中华美食传承，自古刀工为要。

刀工起源于商代的青铜器时代。铜刀是我国最早出现的金属刀具，其刃部相当锋利，可以随意切割原料。这样，就产生了最原始的刀工——粗、厚、大的块状，于是，菜肴的形状也开始丰富起来。

随着刀工技术的逐步发展，原料的形状也逐渐由大变小，由粗变精了。人们又将加工得特别细小的原料，配到完整的、本身形态较小的原料中去，由此，就产生了配菜意识。切配技术萌芽于春秋战国时期，孔子首先提出了"割不正不食"，意思是指不食用形状切得不整齐的菜肴，这又把刀工技术提到了一定的高度；其次，他还对饮食提出了新的要求："食不厌精，脍不厌细。"唐宋时期，刀工技术已渐趋成熟，不仅切出的片薄如纸，丝细如针线，风可以吹得起，还能在煮熟的鸡蛋上进行雕工，从而出现了我国最早的食品雕刻——"琢卵"，而且开始运用刀工制作一些简单的花式拼盘。

当今，中国菜肴刀工精细、配料巧妙。不同的原料经过厨师的精细加工，成为片、丝、条、丁、粒、末、蓉、泥、块、段等形状，而且大小相等、粗细均匀、长短相仿、厚薄一致、整齐划一，十分富有工艺美感。有的原料经过刀工美化，变成了鸟、兽、花、草等美丽的图案，如"菊花肫"、"松鼠黄鱼"、"牡丹鱼"、"兰花鲍鱼"、"喜鹊登梅"、"莲藕荷花"等；还可以利用刀工技术做出"孔雀开屏"、"金鸡报晓"等栩栩如生的拼盘。这都体现了刀工的精湛技艺和高超的艺术水平。

一个烹饪初学者或许会把刀工定义在一个比较复杂的范围，其实不然。所谓烹饪刀工，就是根据烹饪方法和食用者的要求，运用各种刀法和指法，把不同质地的烹饪原料加工成适宜烹饪的各种形状的技艺。

种类繁多、性质各异的烹饪原料，其加工方法也有所不同。绝大多数原料要经过初加工和进一步的刀工处理后才能直接烹制。有的虽经初步烹制，但还是半成品，在食用前必须再进行加工处理，使之成为形状大小一致、厚薄均匀的食品才便于食用，这些都必须通过刀工技术来实现。

概括地说，刀工有以下作用：

①便于烹饪入味。烹饪实践表明，原料的形状与加热的时间及调味品的渗透关系密切。形状较大的原料，无论是大改小、粗改细，还是整切碎、剖花纹，都要运用刀工技术，以扩大原料受热面积，减少加热时间，并使调味品的滋味渗入原料内部，从而提升菜肴的口感和风味。

②便于食用。如今，人们越来越关注养生和美食。烹饪刀工的本质意义，可以说就是让人们通过食用美味可口的菜肴达到养生、健体的目的。大块原料，如猪前腿、猪后腿、鸡、鸭、鹅、青鱼、草鱼等，如不经过刀工处理直接烹制，会给食用者带来诸多不便。将原料进行适当的刀工处理，再烹制成菜肴，不但便于人们食用，还能促进消化和吸收。

③增加美感。中餐的菜式丰富多彩，让人眼花缭乱。一块肉、一条鱼和某些内脏都可以利用刀工技术加工成菊花形、麦穗形、松果形、梳子形等各种形状，加工成蓉、泥后又可以任意制成花、鸟、虫、草等各种图案。使用美化菜肴的各种"花刀法"，并结合点缀、镶嵌等工艺手法，还可以制成融艺术为一体的美味佳肴。烹饪原料加工后的形态既有丝、条、片、段、块、丁、粒、末、蓉、泥之分，又有丸、球、饼、花之别。只有掌握了刀工技术，才能使菜肴的形态千变万化。

④丰富品种。烹饪刀工技术的发展，给中国菜肴品种的增多提供了有利的条件。运用刀工技术可以把同样的原料加工成各种不同的形态，制成不同的菜肴。比如可以利用刀工技术将鱼加工成鱼丝、鱼片、鱼条、鱼碎，然后制成"七彩鱼丝"、"糟溜鱼片"、"红烧划水"、"菊花青鱼"等菜肴。由此可见，菜肴品种的增加是与刀工技术分不开的。

第二节 刀工要点

学习刀工的目的不仅是改变原料的形状、美化原料的外观，更是为了加快原料的入味速度，使原料在制成菜肴后不仅有漂亮的外观，更有鲜美的味道。

1.整齐划一

运用刀工技术切制出的原料形状花式繁多，各有特色。同一菜肴的原料加工成粗细一致、长短一样、厚薄均匀的形状有利于原料在烹调时受热均匀，并使各种调味品的味道适当地渗入菜肴内部。如果成形后的原料参差不齐，细薄的会先入味，而粗厚的入味就比较慢，细薄的已经煮熟，粗厚的还有夹生、老韧等现象，这就严重影响了菜肴的美观及味道。所以，刀工技术的优劣不仅在于能否将丝切得多么细、将片切得多么薄，还在于切出的形状是否均匀。

2.断连分明

运用刀工技术切出的原料形状美观、整齐，而且成形的原料断面平整、不出毛边。在运用刀工操作时，条与条之间、丝与丝之间、块与块之间必须断然分开，不可藕断丝连、似断非断，否则会影响菜肴质量。

3.配合烹调

刀工和烹调作为烹饪技术的两道重要工序，是相互制约、相互影响的，原料改刀的依据就是菜肴所用的烹调方法。如炒、爆等烹调方法都宜采用急火，操作时间短，须将原料切薄或切细；而炖、焖、煨等烹调方法所用的火候宜小，时间长，有较多的汤汁，原料切的段或块要大些，如过小则在烹调过程中易碎，影响口感。辅料的成形、体积和形状要服从主料的体积和形状，一般情况下辅料要小于主料、少于主料，这样才能突出主料，否则会造成喧宾夺主的现象。

4.合理运用

刀法运用必须合理，才能使刀法发挥出应有的功效。切割不同质地的原料，要在了解原料质地老嫩、纹路横竖的基础上，采用不同的方法。一般质老的多采用顶纹路切，质嫩的多采用斜纹路切。如用韧性的肉类原料切片时，应采用推切或拉切；切质地松散或蛋白质变性的原料，如面包、酱肉，应采用锯切。选准刀法，才能使切制出来的原料质量得到保证，既省时又省力。

5.物尽其用

在利用刀工对原料进行加工时，要充分考虑到原料的用途。改切原料时，落刀要心中有数，必须掌握大材大用、各得其所的原则。所用原料要精打细算，运刀技法要得当，各阶段的碎料要物尽其用。

第三节　刀工食材

鸡、鸭、鱼、肉、瓜、菜、藕、笋等都是常见的烹饪原料，因质地不同，加工时所用的刀法也就不尽相同。了解并熟悉原料的质地，准确而合理地施用不同的刀法，才能使加工后的原料整齐、均匀，使操作过程省时、高效。中餐烹饪原料品种繁多，按质地不同可以将常用的烹饪原料分为以下几种：

1.韧性原料

韧性原料泛指一切动物类原料，因其品种、部位不同，韧性的强弱程度也不尽相同，细致划分又可分为强韧性原料和弱韧性原料两种。

（1）强韧性原料

强韧性原料含有丰富的结缔、筋络组织，纤维粗韧，肉质弹性大，水分含量少，韧性强。例如：牛的颈肉、前腱子肉、肚子（胃）；羊的颈头肉、前腿肉、前腱子肉、后腿肉、后腱子肉、肚子（胃）；猪的颈肉、夹心肉、奶脯肉、前蹄髈、坐臀肉、肚子（胃）；鸡、鸭的腿肉。

（2）弱韧性原料

弱韧性原料纤维组织细嫩，水分含量高，经过分档加工，去除筋膜，减少结缔组织，就会降低韧性。例如：牛的里脊肉、通脊肉、里仔盖肉、仔盖肉；羊的里脊肉、通脊肉、肋条肉、臀尖肉、元宝肉、肝、心；猪的里脊肉、通脊肉、硬肌肉、臀尖肉、肚头、心、肝、腰；鸡的里脊肉、胸脯肉、心、肝、肫；鱼类净肉、对虾净肉、水发鱿鱼。

2.脆性原料

脆性原料含水分较多，脆嫩新鲜，泛指一切植物类原料。例如：黄瓜、甜豆、萝卜、山药、大白菜、冬瓜、蒜苗、芋艿、油菜、白菜、四季豆、芹菜、茭白、韭菜、藕、竹笋、莴笋等。适用的刀法有直切、滚料切、排剁、平刀片、滚料片、反刀片等。

3.软性原料

软性原料，泛指经过加热处理后，改变了原料固有的质地，成为变性了的软性原料，包括动物类原料，如各种酱牛肉、酱羊肉、酱猪肉、白肉等；植物类原料，如经过加热焯熟的胡萝卜、莴笋、冬笋等；固体原料，如圆火腿、虾肉卷、蛋卷、蛋黄糕、蛋白糕、豆腐、豆腐干等。适用的刀法有推切、锯切、滚料切、排剁、推刀片、滚料片、正刀片等。

at top left, a knife icon with 刀工技艺 label.

4.硬实性原料

　　硬实性原料，指通过盐腌或晒制、风干等方法处理之后，其结构组织变得细密、硬实的原料。例如：火腿、香肠、风干肉、海蜇等，适用的刀法有锯切、直刀劈、跟刀劈等。

5.松散性原料

　　松散性原料组织疏松、易碎，常见的有方腿（大块）、面包、水面筋、熟土豆、熟猪肝、熟羊肚等。适用的刀法有锯切、排剁等。

6.带骨、带壳原料

　　常见的带骨、带壳原料有猪大排、猪肋条、猪蹄髈、肋排、猪脚、猪头、牛肉、鱼头、西火腿、咸肉、河蟹、海蟹、熟鸡蛋、熟鸭蛋等。适用的刀法有侧切、拍刀劈、直劈、跟刀劈等。

第四节　刀具

1.刀具的种类与用途

　　刀具的好坏及使用方法是否正确都直接影响刀工技术的发挥，所以说刀具是刀工技艺中最主要的应用工具。烹饪的刀具种类很多，除一些有特殊用途的刀具以外，大多数的外形是相似的。这里以切刀为例，介绍其各部位的名称。

　　下图为切刀的外形，它是由：A.刀柄，B.刀背，C.刀膛，D.刀口锋面（又称刀刃），E.尖劈（剖面）等部位组成。

（1）片刀

片刀又叫薄刀，窄而长，轻而薄，使用灵活方便。它主要用于切片，亦可用于切丝、丁、条、块等，但不能用于处理带骨或坚硬的原料。

（2）切刀

切刀是最基本的刀，比片刀略厚、略重，刀口锋利，结实耐用，有方头、圆头、齐头、大头之分。它的应用范围较广，可用切刀把原料切成丝、丁、片、块、末等形状。

（3）切砍刀

切砍刀重500～1000克。刀的前半部可以用来切，后半部主要用来砍骨头不是很粗大的鸡、鸭、鱼、兔等肉类。

（4）砍刀

砍刀又叫骨刀或厚刀，刀身呈长方形或圆口形，刀体厚重，专门用于砍带骨的或质地坚硬的原料。

（5）镊子刀

镊子刀刀身约3厘米宽、20～25厘米长，前半部分是刀，似等腰三角形，后半部分是刀柄，带镊子。它主要用于原料的初加工，如宰、剖、刮以及夹毛等。右图所示的是多功能镊子刀。

除了上述的刀具以外，还有一些专用刀具，如压蒜器、罐头刀、剪刀、刨擦器等。

2.刀具的保养

刀具需经常保养，才能随时保持锋利，在加工时能拿之即用。对刀具进行保养时要做到以下几点：

①操作时，要爱护刀刃，对各种刀具要使用得当，如片刀不宜斩、砍，切刀不宜砍大骨。运刀时以能断开原料为准，合理使用刀刃的部位，落刀如遇到阻力，应及时检查有无骨渣，否则易伤刀刃。

②每次用完必须用热水将刀洗净，擦干水分，特别是切咸味的或有黏性的原料，如咸菜、榨菜、藕、菱角等原料时，因其含有鞣酸，切后容易氧化而使刀面发黑，并且盐渍对刀具有腐蚀性，如不及时将刀擦洗干净，会影响刀的使用寿命。

③长时间不用的刀，应在刀身的两面涂上油脂，以防生锈。经清洁擦拭后的刀要放在刀架上，刀刃不可放在硬物上。

④传递刀具时，要将刀柄朝向对方，且刀刃向下，等到对方拿稳刀柄后才可松手。切不可玩弄刀具，否则极易发生危险。

⑤携刀走路时，右手横握刀柄，紧贴腹部右侧，刀刃向上。切忌刀刃朝外，手舞足蹈，以免伤害他人。

⑥操作完毕之后，应将刀放置在墩面中间，前不出刀尖，后不露刀柄，而且刀背、刀刃都不应露出墩面。错误的刀具摆法不但会影响刀具的正常使用，还会对自己或他人造成伤害，所以日常用刀应养成良好的使用习惯。

3.磨刀的工具和方法

（1）磨刀的工具

　　磨刀的工具是磨刀石。磨刀石有粗磨刀石、细磨刀石和油石三种。粗磨刀石的质地松而粗，多用于磨出锋口。细磨刀石的质地坚实而细，不易损伤锋口，容易使刀刃锋利。磨刀时，一般都先在粗磨刀石上磨出锋口，再在细磨刀石上磨好锋刃，这样能缩短磨刀时间，保证磨刀效果。

（2）磨刀的方法

　　为使刀刃锋利，必须经常磨刀。磨刀是通过刀刃和磨刀石之间的反复摩擦，使刀刃锋利程度达到加工原料的要求。要使刀锋符合实际要求，不仅要有质地较好的磨刀石，而且要采用正确的磨刀姿势和方法。

①磨刀的姿势：磨刀时要求两脚分开，一前一后站稳，前腿弓，后腿绷，胸部略向前倾，收腹，重心前移，两手持刀，平衡用力，目视刀口。

②磨刀的方法：首先将磨刀石安放于平稳的物体上（最好在磨刀石下面垫块布，以防磨刀石滑动），再在旁边放一盘清水。磨刀时一手握住刀背前端直角部位，另一手握住刀柄，两手持刀，将刀身端平，刀口锋面朝外，刀背朝里。磨刀须按一定程序进行：将刀向前平推（膛与磨刀石呈平行状态）至磨刀石尽头，然后向后提拉，始终保持刀与磨刀石之间的夹角为3～5度，无论是前推还是后拉，用力都要讲究平稳、均匀、一致，切不可忽高忽低。当磨刀石面起沙浆时，须淋点水再继续磨。磨刀时重点放在磨刀口锋面部位。刀口锋面的前、后、中端部位都要均匀地磨到。磨完刀具的一面后，再换手持刀，磨另一面。这样反复转换几次，直至刀刃锋利为止。

（3）刀锋的检验

　　刀口锋利，不但在切料时省力，而且也省工。检验刀磨得是否合格，一种方法是将刀刃朝上，两眼直视刀刃，如果刀刃上看不见白色光泽，就表明刀已经锋利，如果有白痕，则表明刀有不锋利之处；另一种方法是把刀刃放在大拇指手指盖上轻轻拉一拉，如果有涩感，则表明刀刃锋利，如感觉光滑，则表明刀刃不锋利，仍需继续磨。

第五节 持刀要点

1.站案

　　厨师进行刀工操作时，正确的站案姿势应是双脚自然分立，呈八字形，两脚尖分开，与肩同宽。身体保持正直，自然含胸，头要端正，双眼正视两手操作的部位，腹部与菜墩保持约10厘米的间距；菜墩放置的高度应以操作者身高的一半为宜，双肩关节要自我感觉轻松；操作时始终保持身体重心垂直于地面，重力分布均匀。还有一种丁字步站姿，呈稍息姿势，两脚呈丁字形，身体稍侧，两手自然分开，刀与案边呈直角。

　　初学刀工者容易出现很多错误动作，如歪头、哈腰、拱背，身体前倾，重心不稳，形成身体三曲弯，下刀动全身，久而久之就养成不良习惯。这些不良动作不仅有害身体健康，也会影响刀技的正常发挥和施展。

✓ 正确　　正确站姿有利于人灵活控制上肢用力的强弱和方向。

✕ 错误

错误站姿会使人肌肉僵硬，精神萎靡，造成腰肌劳损。

✓ 正确的脚法

✕ 错误的脚法

2.持料

厨师运刀时，必须左右手配合。右手持刀，左手扶料，才能熟练运用刀法，将原料制成所需要的形状。因此，了解持料时手掌及各个手指的不同作用，充分运用手掌和手指，并发挥其作用，是提高刀工技能、保证菜肴质量的一个不可忽视的环节。手掌和各个手指在刀工操作时既分工又合作，相互配合。

这里以切为例。左手的基本手势是：五指稍微合拢，自然弯曲（见上图）。

①手掌：操作时手掌起支撑作用，切菜时手掌掌跟不要抬起，必须紧贴墩面，或压在原料上，使重心集中在手掌上，这样才能使各个手指灵活自如。否则，当失去手掌的支撑时，下压力及重心必然迁移至五个手指上，使各个手指的活动受到限制，发挥不了五个指头应有的作用，刀距也不好掌握，很容易出现忽宽忽窄、刀距不匀的现象。

②中指：操作时，中指指背第一节朝手心方向略向里弯曲，轻按原料，下压力要小，并紧贴刀膛，主要作用是控制刀距，调节刀距尺度。从事刀工工作，手是计量、掌握原料切割的尺子。正确运用这把"尺子"，才能准确地制成所需要的原料形状。

③食指、无名指、小指：这几个手指自然弯曲，轻轻按稳原料，防止原料左右滑动。其中食指和无名指向掌心方向略弯，垂直朝下用力，下压力集中在手指尖部，小指协助按稳原料。

④大拇指：大拇指也一起协助按稳原料。有时，大拇指可起支撑作用（只有当手掌脱离墩面时，大拇指才能发挥支撑点的作用），避免重心力集中在中指上，造成手指移动不灵活和刀距失控。

3.握刀

在刀工操作中，握刀姿势与原料的质地和所用的刀法有关。使用的刀法不同，握刀的姿势也有所不同。一般都以右手握刀，握刀部位要适中，大多以右手大拇指与食指捏着刀身，其余三指紧紧握住刀柄，随刀的起落而均匀地向后移动。刀工操作中主要依靠腕力，握刀时手腕一定要保持灵活而有力。握刀的基本要求是稳、准、狠，应牢而不死，硬而不僵，软而不虚。刀工练到一定地步，就会轻松自然，灵活自如。

①切的刀工手势：右手拇指和食指捏住刀背，其他手指及手掌紧握刀把，刀刃垂直向下，左手五指自然弯曲呈爪形，中指第一个关节略突出顶住刀膛，拇指及掌跟起支撑作用。

②砍的刀工手势：右手紧握刀把，刀刃垂直向下，左手扶稳原料或放在砧板边沿。

③片的刀工手势：右手拇指和食指捏住刀背，其他手指及手掌紧握刀把，刀刃与砧板平行或呈斜角，左手伸直手掌，用四指前端或掌跟按住原料。

✗ 错误　这些姿势不仅不能把握住刀的作用点，而且常常因施力过大，出现脱刀伤手的情况，同时切料时因刀发晃而影响刀法的质量。因此，这些握刀姿势都是不可取的。

4.操作

操作姿势是指刀工操作中的指法。

在具体的刀工操作实践中，根据刀工所加工的对象、原料质地的不同，指法可归纳为连续式、间歇式、平铺式、变换式等四种方法。

①连续式。连续式多用于切黄瓜、土豆等脆性原料。起势为左手五指合拢，手指弯曲呈弓形，以中指第一节紧贴刀膛，保持固定的姿势，向左后方连续移动，刀距大小由移动的跨度而定。这种指法速度较快，中途停顿少。

②间歇式。间歇式适用范围较广，对动物类原料、植物类原料均适用。方法为：左手五指并拢，弯曲呈弓形，中指紧贴刀膛，右手每切1刀，中指、食指、无名指、小指四指合拢向手心缓移，当右手每切4～6刀时，左手的手势呈半握拳状态，稍一停顿，重心点就落在手掌及大拇指外的部位。然后，左手其他四个手指不动，手掌微微抬起，大指相随，向左后方移动，此时的重心点落在以中指为中心的四个手指上。当左手手掌向后移动，恢复自然弯曲状态时，继续行刀切割原料，如此反复进行。

③平铺式。在平刀法或斜刀法的片中常用。指法是：左手大拇指起支撑作用，或用掌跟支撑，其余四指自然伸直张开，轻按在原料上。右手持刀片原料时，四指还可感觉并让右手控制片的厚薄。右手一刀片到底后，左手四指轻轻地把片好的原料扒过来。

④变换式。变换式是将连续式、间歇式、平铺式等不同的指法，综合利用或交换使用在一块原料上。有些韧性的动物性原料，因质地老、韧、嫩联结成一体，单纯使用一种指法，有时难以保证切出的原料均匀一致，这就要视原料质地的不同，灵活运用各种指法，有效地控制刀距。如鱿鱼剞花刀、猪腰剞花刀等。

在操作中应注意，目光要注视待切的原料，不要看切好的原料。刀的起落高度一般不能超过手指的中节，持料要稳，落刀要准，双手配合应紧密而有节奏。

目测是刀工技术的一项重要内容，良好的目测能力要与运用适当的指法相结合。有了良好的目测能力才能下刀准，不下二刀，不下空刀。对于初练刀工者，先由切报纸开始练习，使两手能协调配合且指法运用恰当；加强训练，使腕力和臂力协调，增强耐力。熟练后可拿萝卜练习，因为萝卜的可塑性强，便于初学者手的控制。切萝卜丝先切粗丝（0.4厘米），切到整齐均匀后，再切二粗丝（0.3厘米），最后切细丝（0.2厘米）。反复练习，循序渐进。

使用菜墩的小常识

不管是用木质菜墩还是塑胶菜墩，在切完生肉及海产食品之后，如果还要再切其他新鲜农产品、面包或者熟食等，一定要选择另一个菜墩，分开使用。这样做是为了避免残留在菜墩上的细菌交叉污染其他食品。尤其是切完生肉的菜墩，如果再用来切熟食，就很容易引起食源性疾病。

为了保证用过的菜墩干净卫生，可以在使用完之后把菜墩泡在热水中，用硬刷加上清洁剂进行清洗，用清水冲干净之后再用干毛巾擦干。若再用沸水烫一遍，清洁效果就更加彻底了。除此之外，还有一种消毒方法，就是每次在用过之后，用菜刀刮净板面上的残汁遗物，再在菜墩上撒一层盐，这样就可以起到杀菌的效果了，并且最好每周在菜墩上撒一次盐。如果用的是木质菜墩，这样做还可以保证菜墩不干裂，从而避免食物残存在裂缝中，导致细菌滋生。

第二章

刀工技法

第一节 直刀法

1.切

切，是由上往下用力运刀的一种刀法。切时以腕力为主、小臂力为辅去运刀。切，适用于一般植物类和无骨动物类等原料。根据操作过程中运刀方向的不同，切又分为直刀切、推刀切、锯刀切、滚料切、拉刀切、铡刀切等。

（1）直刀切

直刀切，又称跳切。这种刀法在操作时要求刀与墩面垂直，运刀方向直上直下。运刀时刀身始终平行于原料截面，既不前移，也不往后拉，又不左右偏移，每刀都有规律地、呈跳动状地、笔直地切下去，从而达到切断原料的目的。

运用范围：

此刀法适用于嫩脆性的植物类原料，如莴笋、菜头、莲藕、萝卜、白菜、茭白等。

操作方法：

①左手扶稳原料，手势如图。

②用左手中指第一关节弯曲处顶住刀膛，掌跟按在原料或墩面上。

③右手持刀，用刀刃的中前部位对准原料被切位置，刀垂直上下起落将原料切断。

④如此反复直切，至切完原料为止。

技术要求

左手按稳所切原料，并以蟹爬式向左后方移动，刀距一致，两手密切配合，有节奏地做匀速运动。运刀时，刀身不可里外倾斜，作用点在刀刃的中前部位。所切原料不能码堆太高，如原料体积过大，应放慢运刀速度。

（2）推刀切

这种刀法操作时要求刀与墩面垂直，刀自上而下从右后方向左前方推进，以达到将原料切断的目的。运刀的着力点在刀的后部，一切推到底，不再往回拉。推刀切主要用于质地较松散、用直刀切容易破裂或散开的原料，讲究一推到底，刀刃分清。

运用范围：

此刀法适用于细嫩而有韧性的原料，如肥肉、瘦肉、火腿、大头菜、动物肝脏、猪肾等。

操作方法：

①左手扶稳原料，用中指第一关节弯曲处顶住刀膛，右手持刀，用力刃的前部对准原料被切的位置。

②刀从上至下、自右后方朝左前方推切下去，将原料切断。

③如此反复推切，至切完原料为止。

技术要求

左手运用指法朝左后方移动，每次移动要求刀距相等。刀刃从前刀部位推至后刀部位时，才完全与菜墩接触，一刀到底，保证推切断料的效果。推刀切时，进刀轻柔有力，下切刚劲，断刀干脆利落；刀刃前端开片，后端断料。

温馨提示

切肥肉时，肉中的大量脂肪会融出来，一来不容易固定在案板上，下刀时易滑刀切手；二来不好掌握肉块的大小。因此，可先将肥肉蘸凉水后再切，边切边洒凉水，这样比较省力，肉也不会滑动。

（3）拉刀切

拉刀切又称拖刀切，指刀的着力点在前端，运刀方向从前上方向后下方拖拉，实际上是虚推实拉，主要以拉为主。推刀与拉刀都是要运用手腕的力量，动作大体相同。不同的就是推刀是由后向前的，拉刀是由前向后的。初学时，只有熟练掌握了直刀切，才能运用推刀切、拉刀切这两种刀法，所以，最好是先学推刀切，再学拉刀切。

运用范围：

该刀法适用于薄、小、质地细嫩并易裂的原料，如鸡胸脯肉、猪瘦肉、牛肉、羊肉。

操作方法：

①左手扶稳原料，用中指第一关节弯曲处顶住刀膛，右手持刀，用刀刃的后部对准原料被切的位置。

②刀从上至下、自左前方向右后方运动，用力将原料拉切断开。

③如此反复拉切，至切完原料为止。

技术要求

拉切时，进刀时轻轻向前推切一下，再顺势向右后方一拉到底，即所谓的"虚推实拉"。运刀时，通过手腕的摆动，使刀在原料上产生一个弧度，从而加大刀的运行距离，避免连刀现象；用力要充分，彻底将原料拉切断开。

温馨提示

巧切牛肉：牛肉筋多，为了不让筋腱整条地保留在肉内，最好横切。

（4）推拉刀切

操作时，将刀和原料呈直角，刀先向左前方行刀推切，接着再向右后方行刀拉切。向前一推时要将原料切断，向后一拉时也切断，这样一推一拉，就能迅速将原料断开。运刀过程中要注意由刀的前部入刀，最后的着力点在刀的中前部。

运用范围：

这种刀法效率较高，主要应用于韧性较大或松软易碎的熟料，如带筋的瘦肉、热处理过的肉、熟火腿、面包、卤水制作的动物原料等。

操作方法：

①左手扶稳原料，右手持刀。

②先用推刀切的刀法，将原料断开（方法同推刀切）。

③再运用拉刀切的方法，将原料断开（方法同拉刀切）。

④如此将推刀切和拉刀切结合起来，反复推拉刀切，直至切完原料。

技术要求

操作时，一般要求将原料完全推刀切断开以后，再做拉刀切，用力要充分，动作要连贯。前后推拉时刀要保持直立，不能摇摆不定。

温馨提示

先将刀在开水中烫热，再去切煮熟的鸡蛋、鸭蛋、皮蛋，这样蛋就不易碎。

（5）锯刀切

锯刀切，顾名思义，就是在刀工操作时，刀前后往返几次如拉锯般切下，直至将原料完全切断为止。锯刀切主要是把原料加工成片的形状。运用锯刀切时要注意，运刀的速度要慢，着力应小而匀，并且前后拉锯面要笔直，不能偏里或偏外。切时左手将原料按稳，不能移动，否则切出的形状会大小薄厚不均。

运用范围：

该刀法主要适用于无骨而富有韧性的原料和松软的原料，如冻肉、火腿、面包等。

操作方法：

①左手扶稳原料，中指第一关节弯曲处顶住刀膛，右手持刀，刀刃的前部接触原料被切位置。

②将刀向左前方推动。

③待刀刃移至原料的中部，再将刀向右后方拉回。

④如此反复多次至原料切断。

技术要求

刀与墩面保持垂直，下刀宜缓，不能过快，避免原料因受力过大而变形。要懂得用腕力和左手中指合作，以控制切出的原料形状和薄厚均匀。

温馨提示

刀工小口诀：横切牛羊（横着纤维纹路切）、斜切猪（顺着纤维纹路稍斜切）、竖切鸡鱼（顺着纤维纹路竖切）。

（6）滚料切

滚料切又称滚刀切、滚切，要求刀与墩面垂直，左手扶料，不断朝一个方向滚动。右手持刀，原料每滚动一次，刀做直刀切或推刀切一次，将原料切断。用滚刀切出来的食材呈两头尖形，而用普通切法则是筒形。

运用范围：

此刀法主要适用于质地嫩脆、体积较小的圆柱形植物类原料，如胡萝卜、土豆、山药、莴笋、芋头等。

操作方法：

①左手扶稳原料，原料要与刀保持一定的斜度，用中指第一关节弯曲处顶住刀膛，右手持刀，用刀刃对准原料被切位置。

②运用推刀切或直刀切的刀法，将原料断开。

③每切完一刀后，便把原料滚动一次，再作推刀切。

④如此反复进行，直至原料切完。

技术要求

操作时，双手的动作要协调，要看准滚料切的部位；每切一刀后，便把原料滚动一次，每次滚动的角度要一致，做到加工后的原料形状均匀一致。

温馨提示

用滚料切所制作出的原料的体积比片、丁、丝的大，适用于烧菜和煨汤。

（7）铡刀切

铡刀切的方法有两种：①右手握刀柄，左手握住刀背的前端，两手平衡用力压切；②右手握住刀柄，左手按住刀背前端，左右两手交替用力上下摇切。操作时，注意刀要与原料、菜墩垂直，要对准所切的部位，不能移动原料，下刀要准。不管压切还是摇切，都要迅速敏捷、用力均匀。

运用范围：

铡刀切适用于加工带软骨或比较细小的硬骨原料，如蟹、烧鸡等。形圆、体小、易滑的原料，如花椒、花生米、煮熟的蛋类等原料也适合用这种刀法加工。

摇切操作方法：

①左手握住刀背前端，右手握刀柄，刀刃前部垂下，后部翘起，被切原料放在刀刃的中部。

②右手用力压切。

③再将刀刃前部翘起，接着左手用力压切。

④如此上下反复交替压切，直至原料切完。

技术要求

双手配合用力，操作时左右两手上下反复运动，交替由上至下摇切，动作要快且连贯、干净利索。

温馨提示

切螃蟹时宜用此法，将刀对准螃蟹中间，两只手用力压下去即可。

2.剁

剁，又称斩，运刀时刀刃与墩面、原料基本保持垂直。此刀法一般用于加工无骨原料，是将原料斩成蓉、泥或剁成末的一种常见方法。用一把刀剁称为单刀剁，用两把刀剁称为排剁。根据原料数量来决定用排剁还是用单刀剁，原料数量多的用排剁，数量少的用单刀剁。为了提高工作效率，通常用排剁。

运用范围：

此刀法适用于加工无骨的猪、牛、羊肉和大白菜等。

排剁操作方法：

①左右两手各持一把刀，两刀之间要间隔一定距离，两刀一上一下、一左一右排剁。

②再从右到左反复排剁。

③当原料剁到一定程度时，两刀各向相反的方向倾斜，用刀将原料铲起归堆。

④继续行刀排剁。运刀时，刀身不可里外倾斜，作用点在刀刃的中前部位。所切原料不能码堆太高，如原料体积过大，应放慢运刀速度。

技术要求

操作时要使原料均匀、细腻。

温馨提示

剁的过程中如有原料黏刀现象，可将刀放在水里浸一浸后再剁。

刀工技艺

3.砍

　　砍，又称劈，是指在刀面与墩面垂直的前提下，运用臂力把体积较大的原料分成若干体积较小的用料的一种刀法。砍与斩相比，用力更大，刀上下运行幅度也更大。根据断料时用力方式的不同，砍可分为直刀砍、跟刀砍、拍刀砍三种。

（1）直刀砍

　　直刀砍是将刀对准要砍的部位，运用臂力垂直地运刀向下断开原料的刀法。

运用范围：

　　此刀法适用于加工形体较大或带骨的动物类原料，如整鸡、整鸭、排骨等。

操作方法：

　　①左手扶稳原料，右手持刀，将刀举起。

　　②用刀刃的中前部对准要砍的原料位置，如图。

　　③一刀将原料砍断。如此反复进行。

技术要求

　　右手握牢刀柄，防止脱手；将原料平放，左手扶料要离落刀点远一点，防止伤手；落刀要稳、准、狠，力求一刀将原料砍断，尽量不重刀。

温馨提示

　　握刀时手腕要灵活有力，争取一刀砍断，这样砍出来的原料规格才会整齐均匀。

（2）跟刀砍

跟刀砍在操作时要求扶稳原料，刀刃垂直嵌牢在要砍的原料位置内，运刀时原料与刀同时上下起落，使原料断开。

运用范围：

这种刀法适用于加工猪脚类及小型的冷冻原料等。

操作方法：

①左手扶稳原料，右手持刀，用刀刃的中前部对准要砍的原料位置，将刀刃嵌牢在原料内部。

②左手持原料，与刀同时举起。

③用力向下砍断原料，刀与原料要同时落下。如此反复进行。

技术要求

左手持料要稳；选好要砍的原料位置；刀刃要紧嵌在原料内部，以保证原料不脱落；原料与刀要同时举起并同时落下；向下用力砍断原料，一刀未断开的，可连续砍数次，直至将原料完全断开为止。

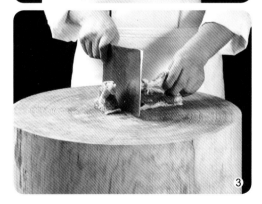

温馨提示

跟刀砍多用于加工带骨原料，如猪蹄、猪头等，左右手要密切配合，原料与刀要同时举起并同时落下，下落时左手在原料落在菜墩上时迅速离开。

（3）拍刀砍

进行拍刀砍操作时要求右手持刀，并将刀刃架在要砍的原料位置上，左手半握拳或伸手，用掌心或掌跟向刀臂拍击，将原料砍断。

运用范围：

这种刀法主要适用于加工圆形或椭圆形、体小而滑的原料，如鸡头、鸭头、酱鸭、鱼头等韧性原料。

操作方法：

①左手扶稳原料，右手持刀，刀刃对准要砍的原料位置。

②左手离开原料并举起。

③用左手掌心或掌跟拍击刀背，使原料断开。

技术要求

原料要放平稳，用掌心或掌跟拍击刀背时用力要充分。刀刃一定要放在原料要砍的部位，不可离开原料，可连续拍击刀背直至原料完全断开为止。

温馨提示

在砍鱼头或者其他原料时，一定要对准要砍的位置，并注意防止原料滑动，否则容易伤到手。

第二节 平刀法

平刀法是指刀与墩面平行、呈水平运动的刀工技法。此刀法用于加工无骨、富有弹性、强韧性的原料，柔软的原料或经煮熟后柔软的原料，是一种较为精细的刀工。这种刀法根据操作者运刀时的方法又可分为平刀直片、平刀推片、平刀拉片、平刀推拉片、平刀滚料片等。

1.平刀直片

应用平刀直片法主要是为了将原料加工成片状，操作时可以将原料平放在菜墩上，刀身与墩面平行，刀刃中端从原料的右端入刀，一刀平片至左端断料为止。

运用范围：

适用于加工脆性原料、固体原料，如土豆、黄瓜、胡萝卜、莴笋、冬笋、猪血等。

操作方法：

①将原料放置于墩面里侧，左手伸直，扶按原料，手掌和大拇指外侧支撑于墩面上；右手持刀，刀身端平，对准原料上端要片的位置。

②刀从右向左做水平直线运动，将原料片断。然后左手中指、食指、无名指微弓，并带动已片下的原料向左侧移动，与下面的原料错开5～10毫米。

③按此办法，使片下的原料片片重叠，呈梯形。

技术要求

刀身要端平，保持水平直线片原料，不可忽高忽低。运刀时，下压力要小，以免将原料挤压变形。刀膛要紧贴住原料从右向左运行，使片下的原料形状均匀一致。

2.平刀推片

平刀推片又称推刀批，是将原料平放在菜墩上，刀面与墩面平行，刀刃前端从原料的右下角平行进刀，然后由右向左将刀刃推入而片断原料的刀法。平刀推片根据应用者运刀的特点又可细分为上片法和下片法两种。

（1）上片法

上片法，即由原料上端起刀，平刀推片，将原料一层层地片开的刀法。

运用范围：

此刀法适用于加工韧性较弱的原料，如通脊肉、胡萝卜、鸡胸脯肉等。

操作方法：

①将原料放置于墩面里侧，左手扶按原料，右手持刀，用刀刃的中前部对准原料上端要片的位置。

②刀从右后方向左前方片进原料，如上图所示。原料片开之后，用手按住原料，将刀移至原料的右端。

③将刀抽出，脱离待切的原料，用左手食指、中指按住被片下的原料。

④将片下的原料贴在墩面上，如此反复推片。

技术要求

刀要端平，用刀膛加力压贴原料，由始至终动作要连贯、紧凑。随着刀的推进，左手的手指应稍翘起。一刀未将原料片开的，可连续推片，直至将原料片开为止。

（2）下片法

下片法，即由原料的下端起刀，平刀推片，将原料一层层地片开的刀法。

运用范围：

此刀法适用于加工韧性较强的原料，如五花肉、坐臀肉、颈肉、肥肉等。

操作方法：

①将原料放置于墩面右侧，左手扶按原料，右手持刀，并将刀端平。

②用刀刃的前部对准原料要片的位置，用力推片，使原料移至刀刃的中后部，片开原料。

③随即将刀向右后方抽出，用刀刃前部将片下的原料一端挑起，左手随之将原料拿起，再将片下的原料放置在墩面上，并用刀的前端压住原料一端。

④用左手四个手指按住原料，随即手指分开，将原料平展开，使原料贴附在墩面上。

⑤如此反复推片。

技术要求

原料要扶稳，防止滑动，刀片进原料后，左手向下施加压力，运刀时用力要充分，尽可能将原料一刀片开。若一刀未断开，可连续推片直至原料完全片开为止。

3.平刀拉片

平刀拉片又称拉刀批，是指将原料平放在菜墩上，刀面与墩面平行，向左进刀，然后继续向左、下方运刀断料的刀法。

运用范围：

此刀法主要适用于体积小、质地脆或细嫩的动植物原料，如莴笋、萝卜、蘑菇、猪肾、猪肚子、鱼肉等。

操作方法：

①将原料放置于墩面上，用刀刃的后部对准原料要片的位置。

②刀从左前方向右后方运行，用力将原料片开。

③刀膛贴住片开的原料，继续向右后方运行至原料一端，随即用刀前端挑起片下的原料一端。

④用左手拿起片下的原料，放置于墩面上，再用刀前端紧贴原料一端，并用左手手指按住原料，将原料抻直，然后将原料贴附在墩面上。

⑤如此反复拉片。

技术要求

原料要扶稳，防止滑动，运刀时力度要适当，若原料未被一刀片开，可连续拉片，直至原料完全片开。

4.平刀推拉片

平刀推拉片又称平刀锯片，是一种将推刀片与拉刀片连贯起来的刀法。操作时，先向左前方运刀推片，接着向右后方运刀拉片，如此反复推拉片，使原料完全断开。

运用范围：

此刀法适用于体积较大、韧性强、筋膜较多的原料，如牛肉、猪肉等。

操作方法：

①先将原料放置于墩面上，左手扶稳原料，右手持刀，端平。

②先运用推刀片的方法，起刀片进原料，然后运用拉刀片的方法继续片料，将推刀片和拉刀片两种刀法连贯起来，反复推拉片，直至将原料全部片断为止。

③用左手拿起片下的原料，放置于墩面上，用刀前端紧贴原料一端，并用左手手指按住原料，将原料抻直，然后使原料贴附在墩面上。

④如此反复推拉片。

技术要求

刀要端平，用刀膛加力压贴原料，由始至终动作要连贯、紧凑。随着刀的推进，左手的手指应稍翘起。右手运刀要充分有力，动作要连贯、协调、自然，否则原料滑动易伤手。若一刀未将原料片开，可连续推拉片，直至将原料片开。

5.平刀滚料片

平刀滚料片，是指刀面与墩面平行，刀从右向左运行，原料向左或向右不断滚动，最后片下原料的刀法。根据进刀的位置不同，平刀滚料片可分为滚料上片和滚料下片两种。

（1）滚料上片

滚料上片是指从原料上部进刀，用力使原料完全断开的刀法。

运用范围：

此刀法适用于加工圆柱形脆性原料，如黄瓜、胡萝卜、竹笋、莴笋等，通常用于原料的去皮。

操作方法：

①将原料放置于墩面里侧，左手扶稳原料，右手持刀与墩面平行，用刀刃的中前部对准原料要片的位置。

②左手将原料向右翻滚，刀随原料的滚动向左运行片进原料。

③刀与原料在运行时同步进行。

④直至将原料表皮全部片下为止。

技术要求

刀要端平，不可忽高忽低，否则容易中途将原料片断，影响成品规格；刀推进的速度与原料滚动的速度应保持一致。

（2）滚料下片

滚料下片是指从原料下部进刀，用力使原料完全断开的刀法。

运用范围：

此刀法适用于加工圆形的脆性原料，如黄瓜、胡萝卜、莴笋、冬笋等；也适用加工近似圆形、锥形或多边形的韧性较弱的原料，如鸡心、鸭心、肉段、肉块等。

操作方法：

①将原料放置于墩面里侧，左手扶稳原料，右手持刀端平，用刀刃的中部对准原料要片的位置。

②左手将原料向左滚动，刀随之向左片进原料。

③继续滚动原料，随原料滚动进刀。

④直至将原料表皮全部片下为止。

技术要求

刀膛与墩面应始终保持平行，运刀时不可忽高忽低，否则会影响成品的规格和质量；原料滚动的速度应与进刀的速度一致。

6.平刀抖片

平刀抖片是指将原料放置在菜墩上，刀面与墩面平行，入刀后，刀身抖动呈波浪式地片断原料的刀法。

运用范围：

此刀法适用于加工固体原料，如豆腐干、松花蛋等，对软性的脆性原料，如黄瓜、胡萝卜、竹笋、莴笋等也可加工。

操作方法：

①将原料放置于墩面右侧，刀膛与墩面平行。

②运刀时将刀刃上下抖动。

③逐渐片进原料。

④直至将原料片开为止。

技术要求

刀在上下抖动时不可忽高忽低，幅度要相同。

第三节　斜刀法

斜刀法是指运刀时刀面与墩面呈锐角的一类运刀方法，通常用于将原料加工成片状，这种刀法按运刀的方向可分为正斜刀片、反斜刀片两种。一般要求右手执刀，刀面呈倾斜状，刀背高于刀口，刀面与墩面之间呈角度较小的锐角，刀刃从原料表面靠近左手手指的部位向下方斜着片入原料。

1.正斜刀片

正斜刀片操作时要求将刀身倾斜，刀背朝右前方，刀刃自左前方向右后方运行，将原料片开。

运用范围：

此刀法适用于加工各种韧性原料，如猪肾、净鱼肉、大虾肉、猪肉、牛肉、羊肉等，也可以用于加工白菜帮、油菜帮、扁豆等。

操作方法：

①将原料放置于墩面里侧，左手手指伸直，扶按原料，右手持刀。

②刀自左前方向右后方运行，将原料片开。

③原料断开后，随即将左手手指微弓，并带动片开的原料向右后方移动，使原料离开刀。

④如此反复斜刀拉片。

技术要求

运刀时，刀膛要紧贴原料，避免原料粘连或滑动，刀身的倾斜度要根据原料成形规格灵活调整。每片一刀，刀与右手同时移动一次，并保持刀距相等。

2.反斜刀片

反斜刀片操作时要求刀身倾斜，刀背朝向左后方，刀刃自左后方向右前方运行。

运用范围：

反斜刀片适用于加工脆性原料，如芹菜、白菜等；熟肚子等软性原料也可用这种刀法加工。

操作方法：

①左手扶按原料，中指第一关节微屈，并顶住刀膛，右手持刀。

②刀身倾斜，用刀刃的中前部对准原料要片的位置。

③刀自左后方向右前方斜刀片进，使原料断开。

④如此反复斜刀推片。

技术要求

刀膛要紧贴左手关节，每片一刀，左手与刀向左后方同时移动一次，并保持刀距一致。刀身倾斜角度应根据原料加工成形的规格灵活调整。

温馨提示

斜刀法的主要要求是：

①用左手手指按住原料要切的部位，使其平稳不动，两手动作协调配合，一刀接一刀地片下去。

②对片的大小、厚薄和斜度的掌握，主要依靠两手的动作和落刀的部位，右手要稳稳地控制刀的斜度及运刀方向。这种刀法一般适用于加工软质脆性和无骨韧性的原料，如熟肚子、肾等。

第四节 剞刀法

前面讲过直刀法、平刀法和斜刀法，还有一种刀法，叫剞刀法。这种刀法在家常菜上运用较少，但却是厨师的基本功。剞刀法是在原料上进行切、片等操作，使其形成不同的有规则的花纹的技法。

剞刀法比较复杂，主要是把原料加工成各种美观、逼真的形象，如麦穗形、松果形、灯笼形等，因此又称之为花刀，用这种刀法制作出的美味佳肴，既能给人以美的艺术享受，又能为酒席增添光彩。这种刀法按运刀的方向可分为直刀剞、直刀推剞、斜刀拉剞、斜刀推剞等。

1.直刀剞

直刀剞类似于直刀切，要求刀面与墩面垂直，只是在运刀时不完全将原料断开。根据原料成形的规格，刀进到一定深度时停刀，可在原料上剞上直线刀纹，也可结合运用其他刀法加工出荔枝形、菊花形、柳叶形、十字形等形状的刀纹。

运用范围：

此刀法适用于加工脆性的植物类原料，如黄瓜、冬笋、胡萝卜、豆腐干、莴笋等；同时也适用于加工质地较嫩的韧性动物类原料，如猪肾、墨鱼、鱿鱼等。

操作方法：

①右手持刀，左手扶稳原料，中指第一关节弯曲处顶住刀膛，用刀刃中前部对准原料要剞的位置。

②刀自上而下做垂直运动，刀剞到一定深度时停止运行。

③施刀直剞，直至将原料剞完。

④剞刀完成后原料的效果如图所示。

技术要求

左手扶稳原料，手指从前向后移动，保持刀距均匀，控制好进刀深度，做到深浅一致。

2.直刀推剞

　　直刀推剞与推刀切相似，只是运刀时不完全将原料断开，留有余地，根据原料成形的规格，刀进到一定深度时停刀，在原料上剞上直线刀纹，也可结合运用其他刀法加工出荔枝形、松鼠形、麦穗形、菊花形等形状。

运用范围：

　　此刀法适用于加工各种韧性原料，如肾、猪肚子、净鱼肉、通脊肉、鱿鱼、鸡胗、鸭胗、墨鱼等。

操作方法：

①左手扶稳原料，中指第一关节弯曲处顶住刀膛，右手持刀，用刀刃的中前部对准原料要剞的位置。

②刀自右后方向左前方运行，直至进到一定深度时停止进行。

③将刀收回，再次运刀推剞。

④如此反复进行直刀推剞，直至原料达到加工要求。

技术要求

　　刀面与墩面始终保持垂直，控制好进刀深度，做到深浅一致，左手从前向后移动，并使刀距均匀。

温馨提示

　　剞刀的主要目的在于缩短烹饪时间，使原料各部位受热均匀，内外老嫩一致。

3.斜刀推剞

斜刀推剞与斜刀推片相似，只是运刀时不完全将原料断开，适当留有余地。根据原料成形的规格，刀进到一定深度时停刀，在原料上剞斜线刀纹，也可结合运用其他刀法加工出松果形、蓑衣形、麦穗形等形状。

运用范围：

此刀法适用于加工各种韧性原料，如猪肾、猪肚子、通脊肉、鱿鱼、鸡肫、鸭肫等。

操作方法：

①左手扶稳原料，中指第一关节的弯曲处紧贴刀膛，用刀刃的中前部对准原料要剞的位置。

②刀自左后方向右前方运行，直至进到一定深度时停刀。

③将刀推回，再反复斜刀推剞，直至原料达到加工要求。

技术要求

刀面与墩面的倾斜角度及进刀深度要始终保持一致，刀距要均匀。

温馨提示

如下情况，可选剞刀法处理：原料较厚，不利于热量均衡穿透；原料表面过于光滑，不利于裹汁；原料不易松散、破碎，并有一定的弹力，具有可受热收缩或卷曲变形的性能，可突出剞花刀纹的美感。

4.斜刀拉刭

　　斜刀拉刭与斜刀拉片相似，只是运刀时不完全将原料断开。根据原料成形的规格，刀进到一定深度时停刀，再在原料上刭上斜线刀纹，也可结合运用其他刀法加工出美丽多姿的麦穗形、灯笼形、锯齿形等形状。

运用范围：

　　此刀法适用于加工韧性原料，如猪肾、净鱼肉、通脊肉等。

操作方法：

①左手扶料，右手持刀，用刀刃的中部对准原料要刭的位置。

②自左后方向右前方运刀，进到一定深度时停止。

③把刀抽出，再反复斜刀拉刭。

④直至原料达到成形规格。

技术要求

　　刀面与墩面的倾斜角度及进刀深度要始终保持一致，刀距要均匀。刀膛要紧贴原料运行，防止其滑动。

温馨提示

　　刭刀的注意事项：

　　①根据原料的质地和形状，灵活运用刭刀法；

　　②花刀的角度、原料的厚薄与花纹的要求要一致；

　　③花刀的深度与刀距皆应一致；

　　④所刭花刀形状应符合原料的特性，区别应用。

第五节　其他刀法

除了上文所讲的几种刀法外，还有一些比较特殊的刀法。直刀法、平刀法、斜刀法和剞刀法通常用于原料的成形，而其他刀法则一般用于原料的初加工。常用的其他刀法有削、剔、刮、捶、剁、剖、背等。

1.削

削一般用于植物类原料的去皮。根据用刀的方法不同，削可分为直削和旋削两种。

操作方法：

①直削法：

　　左手拿原料，右手持刀，刀身倾斜，刀口向外，两手配合去掉原料的外皮，如莴笋、茄子、土豆等。

②旋削法：

　　一般使用水果刀，左手拿原料，右手持刀，采用旋转原料的方法，两手配合去掉原料的外皮，如苹果、梨等。

技术要求

　　削的时候要掌握好外皮的厚薄，精神要集中，看准部位，否则容易伤手。

2.剔

剔是对带骨原料进行去骨取肉的刀法，适用于鸡、猪、鱼等动物类原料。

操作方法：

　　右手执刀，左手按稳原料，用刀尖或刀跟沿着原料的骨骼下刀，将其骨肉分离，或将原料中的某一部位取下。

技术要求

　　操作时刀路要灵活，下刀要准确；随部位不同可以交叉使用刀尖、刀跟；分部位要正确，取料要完整，剔骨要干净。

3.刮

刮是用刀将原料的表皮或污垢去掉的刀法。该刀法一般用于原料的初加工，如刮鱼鳞、刮去猪蹄等表面的污垢及刮去嫩丝瓜的表皮等。制蓉时可用这种刀法顺着原料筋络把肉刮下来，如制鱼蓉、鸡蓉等。

操作方法：

操作时左手拿原料，右手持刀，从左到右，将需要去掉的东西刮下来。

技术要求

操作时，刀身与原料基本保持垂直，刀刃接触原料，横着运刀，掌握好力度，左手按料要稳，防止原料滑动。

4.捶

捶是用刀背将原料砸成泥蓉状的刀法，适用于加工质地细嫩的动物类原料，如鸡胸脯肉、鱼肉、虾等。捶时可用一把刀，也可用两把刀一上一下进行排捶。

操作方法：

操作时，双手持刀，刀背向下，交替上下捶击菜墩上的原料。

技术要求

运刀时抬刀不要过高，用力不要过大。制蓉时要勤翻动原料，并及时挑出细骨或壳，使蓉均匀、细腻。

5.剜

剜是用小刀把原料挖空，以便于填进其他原料，适用于梨、苹果等。

操作方法：

操作时，左手抓稳原料，或将原料按稳在菜墩上，用刀尖或专用的剜勺将原料要除去的部分剜去。

技术要求

操作时，刀具应旋转着进行，两手的动作要协调，剜去的部分大小要掌握好。

6.背

背又叫揿，是指用刀身把脆嫩的原料或经过初步熟处理的某些原料压成泥状的一种刀法。适用于加工马蹄、蒸或煮后的土豆、豆腐、蚕豆等。

操作方法：

将原料放在菜墩上，用刀身的一部分对准原料，从右向左在菜墩上按压，使原料成蓉泥状。

技术要求

刀身倾斜，接近平行，用刀膛将原料背成泥。

7.剖

剖是指用刀将原料破开的刀法。如鸡、鸭、鱼等取内脏时先用刀将其腹部剖开。

操作方法：

操作时，右手执刀，左手按稳原料，将刀尖、刀跟或整个刀刃对准原料要剖的部位下刀划破。

技术要求

操作时，要根据烹调需要的原料规格，掌握好下刀的部位和刀口的大小。

8.拍

拍是指用刀拍破或拍松原料的一种刀法。将刀放平，用力拍击原料，使原料变碎或变平滑等。可将较厚的韧性原料拍成薄片，也可使新鲜调味料（如葱、姜、蒜等）的香味外溢，可使脆性原料（如芹菜、黄瓜等）易于入味，可使韧性原料（如猪排、牛排、羊肉等）肉质疏松鲜嫩。

操作方法：

操作时，右手将刀身端平，用刀膛拍击原料。

技术要求

拍击原料时所用力度要根据原料的质地及烹调的要求加以掌控，以把原料拍松、拍碎、拍薄为原则，用力要均匀，一次未达到目的，可重复拍击。

第六节　切菜小技巧

很多人认为切菜是最不重要的一道工序，其实不然，中国农业大学食品学院何计国副教授表示，能否切得一手好菜不仅影响烹饪的难易程度，甚至影响菜肴的营养价值。下面介绍几个让切菜更轻松的小窍门。

（1）巧切黏性食物

先用刀切几片萝卜，再切黏性食物。萝卜汁能防止黏性食物粘在刀上，切出来的成品也很好看。

（2）巧切肥肉

切肥肉时，肉中的大量脂肪会融出来，一来不容易固定在案板上，下刀时会滑刀切手，二来不好掌握肉块的大小。可先将肥肉沾凉水再切，边切边洒凉水，这样不仅省力，肉也不会滑动。

（3）巧切鱼肉

鱼肉质细、纤维短，极易破碎。因此，切鱼时应将鱼皮面朝下，刀口斜入，下刀的方向最好顺着鱼刺。另外，切鱼时要干净利落，这样炒熟后的鱼肉形状才完整。

（4）巧切羊肉

羊肉中有很多黏膜，炒熟后肉烂而膜硬，口感不好。所以，切羊肉前应先将黏膜剔除。

（5）巧切牛肉

牛肉筋多，为了不让筋腱整条地保留在肉内，最好横切。

（6）巧切猪肝

猪肝要现切现炒，因为切后放久了不仅使养分流失，炒熟后还会有许多颗粒凝结在肝片上。鲜肝切片后，应迅速用调料及水淀粉拌匀，并尽早下锅。

（7）巧切蛋糕

生日蛋糕很容易粘在刀上，因此切前最好将刀在温水中沾一下，这样，热刀会使一些脂肪融化，起到润滑作用，防止蛋糕粘刀。此外，用黄油擦刀口也可起到同样的效果。

（8）巧切大面包

可先将刀烧热再切，不仅防止面包粘在一起，也防止面包松散、掉渣。

第三章

刀工成形

第一节 基本工艺

1.块

块，是烹调中常用的形态之一，主要用直刀的切、砍、剁加工而成。一般来说，质地松软、脆嫩无骨、无冰冻的原料可采用切的方法，例如蔬菜、去骨去皮的各种肉类都可运用直切、拉切、推切等刀法加工成块。而质地坚硬、带皮带骨或冰冻过的原料则需用砍的刀法加工成块。由于原料本身的限制，有的块形状不规则，如鸡块、鸭块等，但应尽可能地使块的大小均匀。块的大小依烹调时间长短而定，用于长时间加热的块应大些，譬如用于烧、焖、炖等加热方法时；用于短时间加热的块应小些，譬如用于滑炒、生炒、炸等加热方法时。此外，带骨的原料应小些。对于较大的块则应用力拍松或剞上花刀，以便于能更快地入味，缩短加热时间。

块的种类很多，常见的有滚刀块、菱形块、骨牌块、大方块、小方块、斧头块等。

（1）滚刀块

此块形又称滚料块，一般把圆形、圆柱形的原料加工成滚刀块，如土豆、茄子、茭白、竹笋、莴笋等。不过，成形的原料多作菜中的辅料，例如"青笋烧鸡块"中的青笋块。

操作方法：

选用长圆形的原料，将其在滚动中斜刀切成均匀的、不规则的菱形块。

（2）菱形块

操作方法：

先将原料切成2厘米见方的条状，再斜刀切成厚1厘米的菱形块。

（3）骨牌块

该块形似骨牌，多用于小火、多汁的烹调方法，如"土豆烧牛肉"、"红烧排骨"等。

操作方法：

先把原料切成约2厘米厚、4厘米宽的大片，再按规定的长度改刀成条或段，然后切成约2厘米宽的骨牌块。

（4）小方块、大方块

原料被加工成四方形。小方块约2厘米见方，如"红烧猪肉"中的肉块，如牛肉、羊肉、鸡肉等在烧制菜肴时亦多切成此形状。大方块为4～6厘米见方，如"红烧四喜肉"中的肉块。

操作方法：

根据原料的质地，先按规格的边长切或斩成段，再按原来长度改刀成块。

（5）斧头块

原料被加工后形似劈柴的斧头，长度为6.5厘米左右。该块形主要用于纤维组织较多的茎菜类蔬菜，如冬笋、茭白等。鱼类菜肴也多用此块，如"红烧鱼块"等。

操作方法：

先将原料顺着长边切为两半，然后按长方块的成形方法加工成块。

2.片

片有多种成形方法，但大多数是用直刀法中的切和平刀法中的片加工而成的。一般来说，脆性原料如蔬菜类、瓜果类等可用直刀切；若是韧性原料，可采用推刀切、拉刀切、锯刀切等方法；质地较松软、直切不易切整的原料及本身较薄无法直切的原料，可采用片的刀法。片的规格多样，大小厚薄不同。片的形状根据烹调需要而定，常见的有以下几种。

（1）长方片

长方片可分为大片和小薄片两种。大片长5厘米、宽3.5厘米、厚0.2厘米；小薄片长4厘米、宽2.5厘米、厚0.1厘米。

运用范围：

此片形适用于加工土豆、萝卜、黄瓜、豆腐干、草鱼肉、猪肾、猪肚子等原料。

操作方法：

先按规格将原料加工成段、条或块，再用相应的刀法加工成片。

（2）指甲片

该片大小如指甲，厚约0.2厘米。

运用范围：

此形状适用于加工脆性的菜梗、生姜或圆形、圆柱形的原料。

操作方法：

一般用直切或斜刀片的刀法，把圆柱形原料一切为二。如大小合适，就用直切的刀法切成指甲片；如半径不够，则用斜刀片的片法将原料片成指甲片。

（3）柳叶片

柳叶片一头尖、一头半圆，薄而狭长，长5～6厘米、厚0.1～0.2厘米，形如柳叶。将圆柱形原料如黄瓜、红肠、胡萝卜等顺着长边从中间剖开，再斜切成柳叶片。

运用范围：

此形状常用于冷盘材料的加工，也用于炒制菜肴，如"青椒炒肉柳"等。

操作方法：

先把原料竖切成1.5厘米厚的大片，再竖着将片的一边片薄（尖形头），一边片成半圆形，再斜刀（片长约6厘米）切成0.2厘米厚的片，即成柳叶片。

（4）象眼片

象眼片又叫菱形片，长约3.3厘米，宽约2厘米，厚约0.3厘米。因其形似大象的眼睛，故称为象眼片。

运用范围：

此片形常用作炒制菜肴的辅料，如"黄瓜炒肉片"中的黄瓜片，"青笋炒肉片"中的青笋片等。

操作方法：

可先加工成菱形块后再片或切成菱形片，或先加工成整齐的长方条，再斜切成菱形片。

（5）夹刀片

夹刀片又叫活页片。

运用范围：

此片形主要用于加工酿制的菜肴，如"煎酿莲藕夹"、"红烧茄子夹"等。

操作方法：

将原料直切一刀，留一部分相连不切断，再在边上另起一刀切断，使之成为连在一起的片。

（6）月牙片

此片因改刀后形似月牙而得名，厚度为0.1～0.2厘米。

运用范围：

此片形多用于加工圆柱形原料，如黄瓜、萝卜等。

操作方法：

整条原料对半剖开，再斜刀切成0.2厘米厚的片，即成月牙片。

（7）梳子片

此片是原料经过刀工处理后形似木梳而得名。

运用范围：

此片形原料多用于炒、拌的菜肴，如"炒腰片"、"红油拌腰片"等。

操作方法：

以猪肾为例：把猪肾横着片开，片去肾髓，然后竖着直刀切，刀深是猪肾厚度的2/3，刀距是0.3厘米，再平刀将猪肾片成一边相连、一边呈花刀形的梳子片。

3.段

段比条粗，是运用切、砍、剁、斩等方法加工成的。粗段直径约1厘米、长约3.5厘米；细段直径约8毫米、长约2.5厘米。加工脆性原料时段应细一些，加工韧性原料时段应粗一些、长一些，带骨的鱼段则应更长一些（如红烧中段），但需要在原料上剞上刀纹，以易于烧熟和入味。段的长短无硬性要求，可以结合实际，灵活掌控。常见的有黄鳝段、带鱼段、豇豆段、刀豆段、葱段等。

操作方法：

根据原料的特性和要求，选择合适的长度，用直刀法中的切或砍法加工即可。

4.丁

丁以方形的为多，根据烹调和菜肴特点还可灵活加工成菱形丁、橄榄形丁、指甲形丁等。一般大丁约2厘米见方，小丁约1.2厘米见方。充当辅料的丁比主料丁小，常见菜式有"宫保鸡丁"、"青椒肉丁"、"酸辣藕丁"等。丁有以下几种常见的形状。

（1）骰子形丁

骰子形丁又叫正方丁，大丁为边长1.5厘米的正方体，中丁为边长1.2厘米的正方体，小丁为边长0.8厘米的正方体。

运用范围：

此丁形适用于加工各种韧性、脆性、软性原料，可用于制作"酱爆肉丁"、"宫保鸡丁"等菜肴。

操作方法：

先按规格要求的边长切成条，再按原来长度改刀成丁。

（2）菱形丁

菱形丁如同骰子形丁，也有大、中、小之分。

运用范围：

各种脆性、软性原料均可加工成菱形丁，如青辣椒、萝卜、西芹、香菇、蛋白糕、蛋黄糕等。

操作方法：

先将原料片成厚片，再改刀成条，然后呈45度角斜切成菱形丁。

5.粒

粒比丁更小，根据其大小，通常可分为黄豆粒、绿豆粒、米粒等，其刀工精细，成形要求高，多用于较高档菜肴的原料成形。黄豆粒的规格为边长约0.5厘米的正方体，如"锦绣肚仁"中的肚仁成形即为黄豆粒；绿豆粒的规格为边长0.3厘米的正方体，如"松仁鱼米"中的鱼米成形即为绿豆粒；米粒的规格为边长0.2厘米的正方体，如"太极豆腐"中的豆腐成形即为米粒。

操作方法：

粒与丁基本相似，先由片改刀成条或丝，再改刀而成，条或丝的粗细决定了粒的大小。

6.末

末比粒更为细小，形状一般不规则，是通过直刀剁加工完成的。

运用范围：

末一般可用于制作肉丸、肉馅、姜末、蒜末等。

操作方法：

可将原料切成丁后，再用剁的刀法加工成末。

7.蓉、泥

蓉泥是极为细腻的原料形状，一般来说，动物类原料加工到最细的状态为蓉，如鸡蓉、鱼蓉、虾蓉等；植物类原料加工到最细的状态为泥，如菜泥、豌豆泥、土豆泥等。

操作方法：

动物类原料在制蓉前要去皮、去骨、去除筋膜。虾、鸡、鱼这几种原料纤维细嫩，质地松软，加工时可先用刀背捶松，抽去暗筋或细骨，然后用刀刃稍排剁几下即成。

温馨提示

植物类原料在制泥前一般要经过初步热处理，含淀粉高的植物类原料要先煮熟去皮，然后用刀膛按成泥状，如土豆泥。有时为提高工作效率，可用粉碎机制作蓉泥。

8.丝

丝呈细条状，是运用片、切等刀法加工而成的。成丝时先将原料片成大薄片，再切成丝状。粗丝直径约3毫米、长4～8厘米，细丝直径小于3毫米、长2～4厘米。

成丝时要注意以下几点：

①用于滑炒、滑熘的丝应细些，用于干煸、清炒的丝应粗些。

②在切丝时，用左手按住原料使其不能滑动，否则原料成形后就会出现大小不等、粗细不匀等现象。

③根据原料质地确定丝的肌纹。原料肉的纤维老且筋络较多的，应该顶着肌肉纤维切丝，切断纤维；猪、羊肉肌肉纤维细长、筋络也较细较少，一般应斜着肌纹或顺着肌纹切丝；鸡肉、猪里脊肉质地很嫩，必须顺着肌纹切丝，否则烹调时易碎。

操作方法：

首先将原料切成片（较薄的原料如豆腐皮等则无须切成片），再以直刀法直刀切、推刀切或者拉刀切成丝。丝可一次叠数片来切，方法有以下三种：

①瓦楞形叠切法。将一片片原料叠如瓦楞，斜排。层勿过多，叠成4～5层即可。此法是应用最广的叠法，原料切到最后也不会溃散。

②砌砖形叠切法。为整齐叠积每片原料的切法。这种叠法须使原料每片的大小与形状一样。缺点是切到最后因手难以支撑，以致其叠切的形状溃散。

③卷筒形叠切法。将片卷成圆筒状，适用于加工面积较宽、质薄而坚韧、富于弹性的原料，如豆皮、蛋饼等。切成丝后若过长，再横切1～2刀，使其长度适当。

9.条

做凉拌菜时，常常需要将原料加工成条形，如黄瓜条、萝卜条等。条形原料搭配相应的酱料食物，非常美味。

条比丝粗，成形方法为：首先用切、片的刀法将原料切、片成大厚片，然后再切成条。具体操作方法如下图所示：

（1）筷梗条

此条长4～6厘米，宽和厚均为0.5厘米，形如筷子。一般适用于制作挂糊的菜肴，如"酥炸鱼条"。

（2）小指条

此条长4.5厘米，宽和厚均为1厘米左右，如小指粗。如"油焖笋"、"干烧茭白"等菜肴，都将原料加工成小指条。

（3）大指条

此条长4～6厘米，宽和厚均为1.2厘米，如大拇指粗。如"糖醋排条"、"姜汁黄瓜条"等菜肴的原料均为大指条。

10.球

加工过程比较烦琐，家常做菜时较少用到。制作藕丸、肉丸时需要制成球形。

所谓球，顾名思义，为圆球状，大小可根据烹调及成品要求而定。大球直径约2.5厘米，小球直径1.5~2厘米。制球时，球体大小要一致，表面应光滑均匀。适用于加工脆性原料，如"软溜冬瓜球"、"烧三素"等。

操作方法：

一种是用刀具加工而成，即先将原料加工成大方丁，然后再削成球状；一种是用半圆形的挖球器加工而成，将挖球器旋入原料，转一圈即成。

①把原材料先切成方块。

②把方块的四个角削去。

③慢慢削成球状。

④也可以用挖球器旋转挖出球状（即旋法成球）。

第二节 花刀工艺

一道完美的菜肴，不单要求其味道鲜美，还要求其外观精美。所谓色、香、味、美齐全，指的就是这个。作为一个厨师，学习花刀工艺是非常必要的。

花刀工艺是美化原料、使其成形的刀法技术，是指运用不同的刀法在原料表面上剞成横的、竖的、斜的、深而不透的刀纹，使韧性原料加热后质地脆嫩，成熟一致，并卷曲成各种美丽形状的技术。其形状既有大型的松鼠形、葡萄形、蛟龙形等，也有小巧玲珑的菊花形、核桃形、荔枝形等。刀法美化的工艺程序复杂，技术难度较高，下面本书将选择一些有针对性的形状加以介绍。

1.斜一字花刀

斜一字花刀一般运用斜刀拉剞或直刀推剞的方法制作而成，适用于加工肉质较厚的鱼类，如青鱼、草鱼、鲈鱼、黄鳝、河鳗等，用于干烧、红烧、清蒸等烹调方法，制作的菜肴如"清蒸鳜鱼"、"红烧鲤鱼"等。加工时要求刀距均匀、刀纹深浅一致。鱼的背部刀纹要相对深些，腹部刀纹要相对浅些。

斜一字形是比较简单但实用的花刀形，易学易做，在家常烹饪中经常用到，可使食材更容易入味。

操作方法：

①将杀好的鱼放在菜墩上。

②在鱼身的一面剞上斜一字形排列的刀纹，刀距一般为1～2厘米。

③再在鱼身的另一面同样剞上斜一字形排列的刀纹。

2.柳叶花刀

柳叶花刀是在整鱼身体的两面用斜刀推剞或刀尖拉剞的刀法制作而成的花刀，适用于加工体表较宽的鱼类，如鲳鱼、鳊鱼等。此花刀形适用于氽、蒸等烹调方法，如"清蒸鳊鱼"、"氽鲫鱼"等。

操作方法：

①先在左侧鱼身中央由头至尾用直刀剞上一条直刀纹。

②以此刀纹为起点，在鱼背上直刀剞上3～5条等距的斜直刀纹。

③顺着背部斜直刀纹的起点，在腹部剞上斜直刀，依上法再剞好右侧鱼身。烹调后鱼身刀纹翻起呈柳叶脉纹状。

3.十字花刀

十字花刀是在整鱼身体的两面，用直刀剞刀法制作而成的花刀。十字形花刀种类很多，有十字形、斜双十字形、多十字形等。一般鱼体大而长的剞十字形花刀，刀距可密些；鱼体小的剞十字形花刀，刀距可大些。十字形花刀适用于干烧、红烧、白汁等烹调方法，如"干烧鳜鱼"、"红烧鲢鱼"等。

操作方法：

①在鱼身的两面先用直刀剞的刀法剞成一条条平行的直刀纹。

②将鱼身转90度，仍用直刀剞的刀法，剞成一条条与直刀纹呈直角相交的平行直刀纹。

③令所剞刀纹交叉成十字，间距一般为0.5～1.5厘米，深度以碰至鱼骨、不剞破鱼肚为宜，背部刀纹要比腹部刀纹深些。

4.葡萄花刀

葡萄花刀是用直刀割刀法制作而成的花刀，常用于加工整块的鱼肉原料，适用于炸、熘等烹调方法。

操作方法：

①选用长约12厘米、宽7～8厘米的带皮鲳鱼肉。呈45度角直刀剖，深度为原料厚度的5/6，刀距为1.2厘米。

②把鱼肉换一角度，仍用直刀剖的刀法，剖成与第一次所剖的刀纹呈直角相交的平行刀纹，刀距和深度与第一次相同。

③剖好后鱼肉形如一串葡萄，加热后如用青辣椒做成葡萄叶和藤就更为逼真了。

5.牡丹花刀

牡丹花刀又称翻刀形花刀，是用斜刀（或直刀）剖和平刀剖的方法制作而成的。牡丹形花刀常用于加工体大而肉厚的鱼，如大黄鱼、青鱼、鲤鱼等，适用于脆熘、清蒸、软熘等烹调方法，制作的菜肴如"糖醋黄鱼"等。加工时原料应选择净重1200克左右的鱼，每片大小要一致，每面剖刀刀数要相等。

操作方法：

①在左侧鱼身由头部胸鳍后下刀，直刀剖至鱼脊骨。

②将刀身放平，贴鱼骨向头部推片到鱼眼处，每隔4厘米以直刀剖刀法剖至鱼骨。

③放平刀身向前推片3厘米，留6毫米相连（一般500克重的鱼剖5～6刀）。

④照上法将右侧鱼身剖好。烹调后鱼身卷起一瓣一瓣如牡丹花瓣形。

6.松鼠鱼花刀

　　松鼠鱼花刀是运用斜刀拉剞、直刀剞等刀法制作而成的，常用于加工大黄鱼、青鱼、鳜鱼等原料，适用于炸、熘等烹调方法，如"松鼠黄鱼"、"松鼠鳜鱼"等。加工时刀距、深浅、斜刀角度都要均匀一致，原料以选择净重1000克左右的鱼为佳。

操作方法：

①用直刀刀法剁去鱼头。

②沿鱼的脊椎骨用平刀推片至鱼尾处停刀，使鱼肉与主骨分开。

③将鱼翻身，以同样方法片出另一片鱼肉，斩去脊椎骨。

④用拉刀剞的刀法将鱼肉剞出一条条平行的斜刀纹，运刀至鱼皮停刀，刀距3厘米。

⑤将鱼肉转90度，用直刀剞的刀法剞出一条条与斜刀纹呈直角相交的平行直刀纹，深度至鱼皮，刀纹间隔1厘米。

⑥用上述方法，将另一侧的鱼肉也剞一遍，最后用刀面将鱼头拍松，并劈齐修圆，注意刀面要光滑。

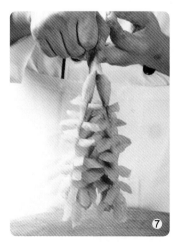

⑦ 将鱼尾从鱼肉中间翻穿过来。烹熟后鱼即呈松鼠形。

7.菊花花刀

菊花花刀是运用直刀推剞的刀法加工制成的，常用于加工净鱼肉、鸡肫、鸭肫等原料。要求刀距均匀、刀纹深浅一致，要选择肉质稍厚的原料。制作菊花鱼时，因鱼是较细嫩的原料，不能去掉鱼皮，否则易碎。

操作方法：

①将鸡肫剖开后，去除衣膜。

②用直刀剞刀法，将鸡肫剞上横竖交错的刀纹，深度为原料厚度的4/5，刀距为0.1厘米。

③把鸡肫转一个角度，仍用直刀剞的刀法，剞出一条条与第一次刀纹垂直相交的平行刀纹，深度仍为原料厚度的4/5，刀距也是0.1厘米。

④将剞上花刀的鸡肫再改刀成块。加热后鸡肫即呈菊花状。

8.麦穗花刀

麦穗花刀是运用直刀剞和斜刀推剞的方法制作而成的花刀，常用于加工墨鱼、鱿鱼、猪肾、猪里脊肉等原料。长者称大麦穗，短者称小麦穗，其加工方法基本相同。大、小麦穗的主要区别在于麦穗的长短变化。大麦穗剞刀的倾斜角度越小，麦穗越长。麦穗剞刀倾斜角度的大小应视原料的厚薄灵活调整。

操作方法：

①用斜刀推剞刀法在鱿鱼内侧剞上一条条平行的刀纹，深度为原料厚度的2/3。

②将原料转一个角度，用直刀剞的刀法剞出一条条与斜刀推剞刀纹呈直角相交的平行刀纹，深度为原料厚度的2/3。

③改刀成长4～5厘米、宽2～2.5厘米的长方块。加热后鱿鱼即呈麦穗状。

9.荔枝花刀

荔枝花刀是运用直刀推剞的方法加工制成的，一般用于加工鱿鱼、墨鱼、猪肾等原料，如制作"荔枝鱿鱼"、"芫爆腰花"等。加工时要求刀距、深浅、分块均匀一致；用于鱿鱼、墨鱼时，花刀必须剞在原料的内侧，否则加热后不会卷曲成美观的形状。

操作方法：

①在猪肾内侧（已去掉肾髓）用直刀剞的刀法制成花纹。

②将原料转一个角度，用直刀剞的刀法，剞出与第一次刀纹呈45度角相交的花纹。

③改刀成边长约为3厘米的等边三角形块或边长为2厘米的菱形块。加热后原料会卷曲成荔枝形。

10.蓑衣花刀

蓑衣花刀是利用直刀剞和斜刀剞的方法在原料两面剞上刀纹制作而成的花刀，加工时要求刀距、深浅、分块均匀一致。此花刀形适用于加工黄瓜、冬笋、莴笋、豆腐干等原料，多用于制作冷盘，如"糖醋蓑衣黄瓜"、"红油豆腐干"等。

操作方法：

①先在原料一面用直刀（或推刀）刀法剞上一字形刀纹，刀纹深度为原料厚度的1/2。

②在原料的另一面采用同样的刀法，剞上一字形刀纹，刀纹深度为原料厚度的1/2。

③完成后成蓑衣花刀。

11.兰花花刀

兰花花刀又称鱼网形花刀，是在原料两面用直刀剞的刀法制作而成的，花纹交叉如兰花草，常用于豆腐干、黄瓜、墨鱼、鲍鱼等原料的加工。

操作方法：

①在豆腐干反面用直刀剞出一条条与边平行的刀纹，刀距为0.3厘米，深度为原料厚度的2/3。

②将豆腐干翻过来。

③在正面仍用直刀剞出与反面刀纹呈30度角相交的刀纹，刀距仍为0.3厘米，深度也是原料厚度的2/3。用筷子将豆腐干拉开放入油锅炸，待定形后即呈兰花形。

12.玉翅花刀

玉翅花刀是运用平刀片和直刀切的方法制作而成的，常用于加工冬笋、莴笋等原料，可制作成"葱油玉翅"、"白扒玉翅"等菜肴。

操作方法：

①先用直刀刀法将原料加工成长约5厘米、宽约3厘米、厚约1.5厘米的长方块。

②平刀横片进原料，深度为原料的4/5，片成若干片。

③再用直刀刀法切成连刀丝，制作成玉翅形。

13.麻花花刀

　　麻花花刀是将原料用片、切的刀法，经穿拉制作而成的，常用于加工鸡胸脯肉、鸭肫、猪肾、猪里脊肉等原料，代表菜式有"麻花腰片"。

操作方法：

①先将原料片成长4.5厘米、宽2厘米、厚0.3厘米的片。

②在原料中间顺着长边划开长约3.2厘米的口，再在中间缝口的两边各划一道约2.8厘米长的口。

③用手抓住两端并将原料一端从中间缝口穿过，即成麻花形。

14.凤尾花刀

　　凤尾花刀又称佛手形花刀，是运用直刀切配合弯卷手法制作而成的，主要用于制作冷拼或点缀围边，适用于加工黄瓜、冬笋、胡萝卜等原料。

操作方法：

①将黄瓜顺着长边一剖两半。

②将原料横断面的4/5斜切成连刀片。

③每切5～11片为一组，将原料断开。

④将原料隔片弯卷，两头的两片不卷。如此反复加工，即成凤尾形。

15.梳子花刀

梳子花刀又称鱼鳃形花刀，是用直刀剖和直刀切（或斜刀片）的刀法制作而成的，主要适用于加工墨鱼、鱿鱼、茄子、猪肾、黄瓜等原料，用于制作"拌鱼鳃腰片"、"炒鱼鳃茄片"等菜肴。

操作方法：

①先用直刀剖的刀法剖出一条条平行的刀纹，深度为原料厚度的2/3，刀距为0.2～0.3厘米。

②将原料转一个角度，用拉刀剖一刀与直刀纹垂直而平行的斜刀纹。

③第二刀片断，成连刀片。原料加热后即呈鱼鳃形。

16.灯笼花刀

灯笼花刀是运用斜刀拉剖和直刀剖的刀法加工制成的。此花刀形适用于加工鲜鲍鱼、猪肾、鱿鱼等原料，用于制作"炒腰花"、"浓汤鲜鲍鱼"等菜肴。

操作方法：

①先在原料的一面用直刀剖刀法剖上深度为原料厚度2/3的一条条刀纹。每剖8~10刀为一组，将原料断开。

②翻转原料，在头尾两端用斜刀剖刀法分别剖上两条深度为原料厚度2/3的垂直刀纹。

③将原料小心地翻转成灯笼形即可。

17.如意花刀

如意花刀又叫如意丁，是运用刀刃前端在原料四面各切两刀加工制成的。此花刀形适用于加工黄瓜、南瓜、莴笋、胡萝卜等原料，多用于菜肴的围边或充当辅料。

操作方法：

①将原料加工成2厘米见方的大丁。

②在丁的四面均切上2刀，深度为原料厚度的1/2。

③用手掰开方丁，即分成两个如意丁。

18.剪刀花刀

剪刀花刀是运用直刀推剞和平刀片的刀法加工制成的，适用于加工黄瓜、冬笋、莴笋等原料，多用于调料或菜肴点缀及围边装饰。加工时要求刀距、交叉角度、大小、厚薄均匀一致。

操作方法：

①分别用刀在两个长边1/2处片进原料（两刀进刀相对，但不能片断）。

②运用直刀推剞的刀法在两面均匀地剞上宽度一致的斜刀纹，深度是原料厚度的1/2。

③用手拉开，即分成剪刀形片（或块）。

19.花枝花刀(蝴蝶片)

花枝花刀又叫蝴蝶片，是运用斜刀拉剞和斜刀片的方法制作而成的，因形如花瓣，又像蝴蝶，故名。此法适用于加工韧性或脆性原料，如鸭肫、鸡肫、鱿鱼、墨鱼、青鱼、黑鱼、茄子、土豆、茭白等。

操作方法：

①先将原料切成5厘米宽的条。

②将原料横放，用拉刀剞的刀法，第一刀用斜刀拉剞，至皮停刀。

③第二刀用斜刀片的刀法将原料片断，这样一刀不断一刀断就成为面分底连的片。

④加热后其形如花瓣，又似蝴蝶。

20.梭子花刀

梭子花刀是运用直刀推剞的刀法加工制成的，适用于加工墨鱼、鱿鱼等原料，加工时要求刀距、大小、厚薄均匀一致。

操作方法：

①以斜刀片的刀法将原料片去两端，使之呈梯形。

②将原料翻转90度，以直刀剞的刀法，剞出两条深度为原料厚度4/5的刀纹。

③切断原料，加热后自然翻卷成梭子形。

21.各种平面花边形

平面花边形花式多样、形态逼真，成形方法是先将原料加工制成象形坯料，再横切成形，适用于加工黄瓜、土豆、南瓜、萝卜、火腿肠、莴笋、生姜、冬笋等原料，多充当中、高档菜肴的调料，也可用于冷盘造型、点缀、围边装饰。加工时要求成形的原料工艺细腻、棱角分明、大小一致、长短相等、薄厚均匀。

平面花边形主要有以下几种：梅花片、麦穗片、齿牙圆片、多棱三角片、三棱形片、四棱长方、秋叶形片、鱼形片、玉兔形片、飞鸽形片、蝴蝶片、翅尾片、翅羽月牙片、齿边椭圆片、齿边棱形片、齿边长方片、四棱十字片、寿桃形片。

寿桃形片的加工步骤如下图所示：

寿桃形片的加工成形

飞鸽形片的加工成形

飞鸽形片的加工步骤如下图所示：

刀工技艺

第三节　整料出骨

　　学习完刀法，还要学会怎么利用刀法去完成一件原料的加工，这就涉及刀法成形的问题。所谓刀法成形，就是指运用各种刀法将烹饪原料加工成形态各异、形象美观、宜于烹调和满足食用要求的原料形状。刀法成形不仅要求掌握刀法，还要求各种原料的构成达到一定的工艺要求。按原料形状的构成，刀工大体上可分为整料出骨、基本工艺型、花刀工艺型三大类。

1.整料出骨的作用

（1）易于烹熟和入味

　　原料中的骨骼，在烹调时往往对热的传导和调味品的渗透有一定的阻碍作用，当在整料（如全鸡、全鸭）中嵌入其他一些原料时，这种阻碍作用就会更加明显。因此，将骨骼在烹调前除去，就能使烹调的菜肴原料更容易烹熟和入味。

（2）便于制作形态美观的高级菜肴

　　经过整料出骨后的鸡、鸭、鱼等原料，由于没有了骨骼的支撑，成为柔软的肉体，除了易于烹熟、入味及保持形态完整外，更能装嵌各种调料，便于整理其形状，使之成为形态美观的菜肴，如"椒盐八宝鸡"、"枕头鸭子"、"葫芦鸡"、"松子桂鱼"等。

2.整料出骨的要求

整料出骨具有较高的技术性和艺术性，是一项非常细致的工作，在操作时必须注意以下几个问题。

（1）原料必须精细

整料出骨的原料要求肥壮、肉多、大小适宜。例如，鸡应以一年左右的肥壮母鸡为佳，鸭以8~9个月的肥壮母鸭为佳。因为过小、过瘦的鸡或鸭脂肪不多，出骨时易破皮，烹制时皮也容易裂开；太老的肉质较坚韧，若烹制时间短，则肉不易熟透，若烹制时间长，则肉熟过头了，皮又容易裂开。至于鱼类，也要以体重500克以上、新鲜肥厚的为佳。

（2）对原料的初加工必须符合整料出骨的要求

①鸡、鸭宰杀后用热水烫毛时，水的温度不宜过高，烫的时间也不宜过长，否则出骨时容易破皮。鱼类在刮鳞时不可损伤鱼皮。

②鸡、鸭、鱼均不剖腹。鸡、鸭的内脏可在出骨时随躯干骨一齐取出，鱼的内脏可以在去鳃时一并取出。

③出骨时下刀的部位要力求准确。操作时，刀刃必须紧紧贴着骨头，出骨干净，尽量减少肉的损耗。鸡、鸭、鱼在出骨操作时都必须非常仔细，不可损伤外皮。如果皮不完整，不仅有损形态的美观，而且可能漏汁和漏馅。

3.鸡、鸭整料出骨实例示范

利用鸡、鸭制作的菜肴难以计数，其价值各不相同。同样的原料烹调出的菜肴，其价值高低除了取决于辅料和调料的贵贱之外，还取决于工艺的难易程度。加大工艺的复杂性和技术的难度是提高菜肴价值的重要手段。整料出骨是一种工艺性较强、技术难度较大的原料加工技术。通过整料出骨制作的菜不仅可以提高营养价值，还能充分展示厨师的刀工技艺。

整鸡出骨之前，将鸡进行恰当的处理是十分必要的。就初加工而言，关键在于处理是否恰当。一般应做到：宰杀时放尽血液，以免鸡的皮下遭其污染，影响成菜质量；烫毛时水温和时间适宜，以防鸡的表面发脆，在煺毛和出骨时破裂。对于刚宰杀的活鸡，要么在宰杀后15分钟内出骨，要么冰冻一段时间后再出骨。因为动物死后身体都会发生尸僵（或称僵直）、成熟（或称后熟）、自溶等几种变化。活鸡经宰杀后不久便会进入尸僵阶段。鸡身由柔软变得僵硬，鸡皮发脆，不便出骨。进入成熟阶段后，鸡的躯体又变得柔软而有弹性，这正是出骨所要求的。然而从尸僵转入成熟，在自然条件下所需时间较长，宰后速冻有助于缩短鸡的尸僵期。此外，在动刀进行整鸡出骨之前，最好用手将鸡的腿、翅膀及身体揉捏一下，使鸡体变得柔软，以利于出骨。

整料出骨要达到预定的质量要求，操作技巧的运用特别重要。运刀操作时要注意：下刀准确，只割断肉骨相连的筋膜；力度适当，该轻就轻，该重就重；刀种正确，紧贴骨骼进行剔剐；用刀灵活，根据出骨过程中不同情况下的需要，刀跟、刀尖、刀刃（中刃）、刀背交叉变换，综合运用；另外还要注意刀和手的协调配合和交替使用，该用刀时则用刀，该用手时则用手。总而言之，整料出骨应做到：在保证质量的前提下，整个过程中动作熟练、简洁、准确，轻重适当，起伏连贯，具有节奏感和韵律感。

整鸡、整鸭的出骨技术比较复杂，要求比较精细。鸡和鸭的形体结构相似，出骨方法也基本相同，一般可分为五个步骤。

（1）划开颈皮、砍断颈椎骨

①先在鸡的头颈处（两肩当中的地方）沿着颈骨直划一刀，将颈部的皮肉划开长约7厘米的一条刀口。

②把刀口处的皮肉用手掰开，将颈骨从刀口处拉出。

③在靠近鸡头的刀口处将颈骨斩断，注意刀口不可割破颈皮；也可先在鸡头宰杀的刀口处割断颈骨。

④再从7厘米的刀口中拉出颈骨。

（2）出前肢骨

①从颈部刀口处将皮翻开。

②鸡头向下，再将左边的翅膀，连皮带肉缓缓向下翻剥，剥至臂膀骨关节露出。

③把关节上的筋割断，使翅膀骨与鸡身脱离，用同样的方法将右边的翅膀骨关节割断。然后分别将翅膀的左右臂骨(翅膀的第一节骨)抽出斩断，翅膀桡骨和尺骨(翅膀的第二节骨)就可以不抽出了。

（3）出躯干骨

①把鸡竖放，将背部的皮肉外翻剥离至胸、至脊背中部后，再将胸部的皮往外翻，剥离至胸骨露出，然后把鸡身皮肉一起外翻，剥离至双侧腿骨处，用刀尖将双侧腿骨(大腿骨)的筋割断。

②分别将两腿骨向背后部掰开，露出股骨关节，用刀尖将关节处的筋割断，使两侧腿骨脱离鸡身。

③再继续向下翻剥，直剥至肛门处。

④把尾尖骨割断，鸡尾应连接在皮肉上(不要割破鸡尾上的皮肉)。

⑤将肛门清洗干净。

（4）出后肢骨

①在髋臼处割断连接股骨头的韧带，分别沿左右股骨头往下翻剥至膝盖骨上端，将股骨斩断抽出。

②斩时要留一小节股骨连着膝盖骨，让其仍附着在皮层上，用以封闭皮层的膝关节，在嵌馅时不致漏馅。

③在膝关节下端，留一小节胫骨、腓骨连着膝关节，起封闭作用。

④将小腿骨连皮带骨斩断。

⑤可将小腿的胫骨、腓骨也出尽，如无特殊要求，一般都不出小腿的胫骨、腓骨。

（5）翻转鸡皮

①将鸡的骨骼出完。

②将鸡翻转，使鸡皮朝外，鸡肉朝内，这样在形态上仍为一只完整的鸡。

③完成整料出骨后，在鸡腹中加入馅料。经过加热后，鸡的形态仍然饱满好看，如"椒盐八宝鸡"。

第三章 刀工成形

第四章

刀工应用

第一节 辅料刀工要领

配菜工作在整个菜肴烹制过程中有着非常重要的地位。因其涉及面广，所以配菜人员必须既熟悉有关业务，又熟悉有关知识，才能把这一工作做好。一般来说，配菜人员必须具备以下几项业务知识。

（1）熟悉和了解原料

不同的菜肴都是由不同的原料配制而成的，所以配菜人员首先必须熟悉和了解原料及其性能。

原料品种不同，性能各异，在烹调过程中，发生的变化也不同。同一种原料，因产季的变化品质也可能有差异，如鲥鱼，在立夏至端午这一时期肉质特别肥美，过了这一时期肉质就老了，味道也就差了。因部位的不同原料品质也会有差异，如猪、牛、羊、鸡、鸭等家畜、家禽，各部位原料差异也较大，有些部位肉质嫩而且结缔组织少，如猪身上的里脊肉、通脊肉，鸡、鸭的胸脯肉等，质地嫩，适合爆、炒、滑、熘、煎、烹；有的部位质地老且结缔组织多，在烹制中只适合焖、炖、蒸、煮等长时间加热的烹调方法。故不同性质的原料，绝不能混合使用，否则将会影响菜肴的质量。

（2）了解市场供应情况

市场上原料的供应是随着季节、供应需求、产品数量等因素的变化而变化的。有时这一品种多，有时那一品种少，配菜人员必须对这些情况有所了解，才能配合供应情况。配菜人员要多用市场上供应多的品种，适当少用市场上供应紧张的品种，并利用代用品搭配出新的菜肴来。

（3）了解企业备货情况

配菜人员必须对餐馆中的备货情况十分清楚，才能据此确定供应的品种，并及时向餐馆管理人员提供意见——哪些原料需进货，哪些原料不必购买，从而使餐馆中的存货既不积压，也不脱节。

（4）熟悉菜肴的制作工艺及特点、名称

中华美食博大精深，菜肴品种繁多，每个地区都有许多具有地方风味的特色菜品，各餐馆又均有各自的招牌菜、特色菜。同时每一菜肴都有各自的制作特点，都有一定的用料标准、刀工要求和烹调方法。因此，配菜时，配菜人员必须对本餐馆的菜肴名称、制作特点了如指掌，才能组配出具有本餐馆特色的菜肴。除需了解本餐馆的菜肴特色以外，配菜人员对本地区同行业及其他不同菜系菜肴的特色都应有所了解，这样才能在配菜过程中有所比较、有所创新，在原有的基础上创造出新的品种。

（5）既精通刀工又了解烹调

配菜在工序上介于刀工和烹调之间，它是刀工的继续，也是烹调的前提，它的操作技术可以左右刀工和烹调这两道工序的作用，同时又与刀工和烹调形成一个密不可分的整体。配菜人员必须精通刀工，否则就做不好配菜工作。不仅如此，一个配菜人员还必须懂得不同的火候和调味对原料产生的影响，以及各种烹调方法的特点，特别是当地菜肴的烹调特点。只有充分了解这些，配菜人员才能很好地掌握配菜的关键，使配出来的菜肴能够符合标准，使色、香、味、形都能充分体现出来。所以配菜是联系刀工和烹调的纽带，配菜人员必须既精通刀工的操作技术，又了解烹调的操作关键，才能把工作做好。

（6）掌握定质定量的标准及起货成率

配菜人员不仅需要掌握每道菜肴的规格、质量标准，还要做到：

①熟悉和掌握每种原料从毛料到净料的起货成率；

②确定构成每道菜肴的主料、辅料的质量和数量；

③配菜时必须切实按照餐馆的规格，按单办事，确保成本和毛利都准确。

（7）注意主、辅料应分别放置

一道菜肴，可能有多种主、辅料，在用多种主、辅料配菜时，应将各种原料分别放置，不能混在一起，否则下锅时无法区分，会导致生熟不匀，严重影响菜肴质量。

凡是有主、辅料的菜肴，一般主料都应占主要地位，辅料对主料起陪衬或补充作用，主料居于主位，辅料居于次位，必须突出主料，不可喧宾夺主。一般来说，主料大都是用动物类原料，辅料大多用植物类原料，但也有例外。

例如："腿汁扒芥菜胆"，是以芥菜胆为主料，火腿汁为辅料；"虾子冬笋"，是以冬笋为主料，虾子为辅料。

（8）具有一定水平的审美观

配菜人员还必须具有美学方面的知识，懂得一定的构图和色彩原理，以便在配菜时使各种原料在形态、色彩上协调、美观、雅致，增强菜肴的美感，给消费者以美的享受。

（9）注意原料营养成分的配合

菜肴中原料的组配大多数是需要符合营养原则的，但以往由于科学水平的限制，特别是受前辈厨师文化水平的影响，加之在创新菜肴时多注意味、形之美，所以配菜人员对于营养成分的相互配合、相互补充等问题往往不够注重。新一代的烹饪从业人员，必须懂得各种不同原料配合后在烹调过程中所起的变化等理论知识。在配菜时，注意原料营养成分的相互配合、相互补充，使食者能得到更加全面的营养。

第二节　辅料中的常用料头

料头在粤菜调料中的运用十分普遍，其作用大概有以下三个方面：

①增加菜肴的香味、镬气；

②清除某些原料的腥膻气味；

③便于厨师识别味料配搭，提高工作效率。

正因为有以上诸多好处，所以现在全国诸多菜系的厨师都开始运用料头了。为了方便大家学习，现在就将一些粤菜常用的料头介绍如下。

菜炒料： 蒜蓉、姜片（或姜花）。

蚝油料： 姜片、葱段。

白灼料： 大姜片、长葱条。

红烧小料： 蒜蓉、姜末、陈皮、冬菇片。

红烧大料： 葱段、姜片、冬菇片、炸蒜子。

糖醋料： 蒜蓉、葱段、辣椒件。

蒸鸡料： 姜花、葱段、冬菇件。

清蒸鱼料： 姜花、冬菇片、火腿片、长葱条。

咖喱料： 蒜蓉、姜末、洋葱末、辣椒末。

油泡料： 姜花、葱榄。

椒盐料： 蒜蓉、姜末、辣椒末。

豉汁料： 蒜蓉、姜末、辣椒末、葱段。

炒丁料： 蒜蓉、姜末、短葱榄。

炒丝料： 蒜蓉、姜丝、葱丝、冬菇丝。

蒸鱼料： 葱丝、姜丝、肉丝、冬菇丝。

煎封料： 蒜蓉、姜末、葱花。

红焖鱼料： 葱段、姜片、肉丝、冬菇片、蒜子。

五柳料： 锦菜丝、红姜丝、白姜丝、荞头丝、瓜英丝、蒜蓉、辣椒丝、葱丝。

一般炖品料： 姜片、葱条、瘦肉。

上汤菜料： 葱段、姜片。

第三节 热菜刀工技法

1.单一料的刀工技法

单一料菜肴由一种原料组成，选料要精、刀工要细，要从各个方面突出所选用原料的特点。如"炒白菜"，要选白菜的细嫩部分；"清蒸（或红烧）鲤鱼"，因其鳞片含有油脂，味道特别鲜美，所以不能去鳞。此外，也有以一种原料为主，在其表面排列其他原料以装饰的菜肴。如制作"兰花鸽蛋"时，把鸽蛋排列在碟上，再以火腿薄片为花瓣、葱丝为叶，排出兰花图案。这道菜式仍属单一料的菜肴，因为火腿和葱丝仅仅作为装饰。

单一料菜肴要按规定的重量，取足原料。为了保证菜肴的质量，在配制时，必须突出原料的优点，避免其缺点，因为单一料菜肴的原料直接体现了该菜肴的特点。如新鲜的蔬菜，可以选用鲜香脆嫩的豆苗、菜心、荷兰豆、生菜、豇豆、莴苣、冬笋、白菜、莲藕、山药等。本身没有特殊香味的原料，如蹄筋、海参、鱼肚、鱼翅等，应该配以一些有特殊香味、清鲜、醇厚的辅料一起烹调，以增加菜肴的美味，但烧后要拣出辅料，仍以单一料上席。具有某些特殊、浓厚滋味的原料如大蒜、洋葱、青蒜、葱、姜等，因含有特殊的香辛气味，一般不宜单独制成菜肴，否则，其浓郁的气味会使食客难以食用。

用单一原料烹制的菜肴，往往在菜名上冠以"净"字或"清"字，如"净炒肉片"、"清炒菜心"、"清蒸草鱼"等。

（1）萝卜条

主料： 新鲜白萝卜

调料： 食用油、酱油、香醋各适量

操作方法：

①将去皮萝卜截取6厘米长的段。　②顺长切1厘米厚块。　③切出1厘米宽条。　④萝卜条成品。

烹饪过程： 用翻炒的方法制成清炒萝卜条，香醋在出锅前放入。

（2）菊花鱼

主料： 活鱼1条（鳜鱼、草鱼、青鱼均可，重约750克）

调料： 蒜末、姜末各10克，糖150克，番茄酱100克，香醋75毫升，水淀粉40克，食用油1500毫升（实用200毫升），盐、淀粉、料酒各适量

操作方法：

①鱼去鳞、鳃，净膛后剁去头、尾，一剖两半，去骨刺。

②将鱼肉皮朝下放在菜墩上，进刀斜切至鱼皮，每切4～5刀切断，共切成10块。

③再逐块剞刀至鱼皮，刀距为0.7厘米，制成菊花状，不可破皮。

烹饪过程： 鱼块加入料酒、盐、葱末、姜末腌约5分钟，拍上淀粉，再抖去散粉；用糖、香醋、盐、水淀粉兑成味汁；锅置火上，放油烧至六成热，下入菊花鱼块生坯，炸至呈浅黄色后捞出并放入盘中，鱼头、鱼尾也入油稍炸后，放在盘的两端；另起锅置火上，放清水加番茄酱、味汁烧开，淋入明油，浇在菊花鱼上即可。

特点： 形似菊花，香酥脆嫩，甜酸可口

（3）糖腌醋藕

主料： 新鲜莲藕适量

调料： 蒜蓉、葱段、辣椒件、香醋、糖各适量

操作方法：

①用刀切去莲藕的根部。

②刮去莲藕的黑衣，将莲藕放在水盆里，用水洗净。

③用直刀切的刀法，将莲藕切成薄片。

④将切好的莲藕薄片浸入清水中洗去表面的淀粉，捞出并沥干水分。

烹饪过程： 用腌制的方法将莲藕制成糖醋莲藕。

（4）香辣排骨

主料： 新鲜的大排骨适量

调料： 蒜蓉、姜末、干辣椒、熟花生米、花椒、酱料各适量

操作方法：

①将大排骨放入清水中，洗去血污、黏液，捞出并沥干水分。

②采用直刀劈的刀法，横着肌肉、骨骼，将大排骨劈成一段段带骨的条，修整成统一的规格。

③将排骨斩成均匀的小段。

④将排骨用碱水腌过，然后冲洗至无异味。

烹饪过程： 用炸的烹调方法，制成椒盐排骨条；锅内放油，把蒜蓉、姜末、干辣椒、花椒、酱料爆香，投入熟花生米碎和排骨条拌炒即可。

（5）红烧鳝筒

主料： 鲜活的大黄鳝适量

调料： 葱段、姜片、冬菇片、炸蒜子各适量

操作方法：

①将黄鳝摔昏或用刀拍昏。

②用刀在黄鳝喉部割一刀。

③将方的竹筷从刀口处插入，用力卷出内脏。

④用冷水洗去血污、黏液。

⑤用直刀劈的刀法，劈下头和尾，留中段；再将中段劈成5厘米长的段。

烹饪过程： 用红烧的烹调方法将黄鳝制成红烧鳝筒。

（6）滑炒虾球

主料： 新鲜的对虾适量

调料： 蒜蓉、姜末、短葱榄各适量

操作方法：

①摘下虾头，剥去虾壳和虾尾。

②用拉刀片的刀法，沿着虾的背部切开，同时剔去虾肠。

③用直刀切的刀法将对虾肉修整齐。

④将虾肉放入水盆里反复冲洗，直到水清且不腻滑。

烹饪过程： 用滑炒的烹调方法将虾肉制成滑炒虾球。

（7）清炸菜松

主料： 大而新鲜、色泽鲜艳的青菜叶适量

调料： 酱油、盐、绍酒、食用油、花生米、辣椒段各适量

操作方法：

①将青菜叶放在水盆里浸泡片刻，洗净后捞出，沥干水分。

②将洗净的青菜叶一片片地叠起来，顺着一个方向卷成筒形。

③用直切的刀法将青菜叶切成细丝。

烹饪过程： 用清炸的方法将青菜丝制成清炸菜松。另外，也可用凉拌的方法制成凉拌菜松。

2.主辅料搭配的刀工技法

　　菜肴除主料外，还有辅料。主辅料的配菜，是指一种菜肴除使用主料外，也加入一定量的辅料。其目的是为了衬托、突出主料，对主料的色、香、味、形及营养做适当的调整，但辅料的数量、形式、口味都应次于主料。如"蒜珠白鳝"，白鳝是主料，蒜头是辅料，配制时蒜头的数量要少于白鳝；又如"炒鲜奶"中要加入适量的火腿片或烧鸭片，这样红白相间，使菜肴增色不少。在配制菜肴时，主料占主要地位，而辅料则起衬托、辅助和补充作用。因此，应将主料的形态加工得比辅料大一些、厚一些、长一些、粗一些，如果颠倒配制，就会喧宾夺主。一般主料多采用动物类原料，辅料则使用植物类原料，但也有例外的，如北京菜的"八宝豆腐"是以豆腐为主料，以火腿、鸡肉、虾米和瑶柱为辅料。

　　凡是由主辅料配制的菜肴，多会在菜肴的命名上反映出主辅料的名称，如"鸡蓉烩海参"、"虾仁豆腐"、"韭黄牛肉丝"、"香肠炒蛋"、"腰果鸡球"、"松仁香菇"等。

（1）咖喱滑鸡

主料： 光鸡、土豆各适量

调料： 食用油、咖喱粉各适量

操作方法：

①土豆用刀将外皮削去，放入水盆里洗干净。

②将土豆用滚料切的刀法切成大的滚料块。

③光鸡加工后斩成两半。

④用直刀切的刀法将鸡切成块。

烹饪过程：

将鸡块、土豆块分别放入油锅里过油，待皮硬并呈金黄色时捞出，再加入咖喱粉焖制即可。

（2）龙舟竞赛

主料： 龙虾1只（约1200克），西蓝花200克，洋葱和蒜头各适量

调料： 牛油和奶酪各适量，鲜奶300毫升，清鸡汤600毫升，淀粉、盐各适量

操作方法：

①把龙虾头与身断开。

②把虾头掀起，用刀刮去鳃部及小触脚。

③把龙虾头斩开成两半。

④把龙虾头斩成粗块，如有粗脚，就用刀背拍打，使其有裂痕。

⑤把龙虾身两侧的腹足去掉。

⑥将龙虾身对切成两半。

⑦将龙虾身顺着关节每两节斩成一块，全部洗干净并沥干水分。

⑧西蓝花改刀成件。

⑨把改件后的西蓝花清洗干净，焯过水后放入凉水中浸泡备用。

烹饪过程：

　　将洋葱切丝，蒜头剁成蒜蓉。烧一大锅沸油，油一定要够沸。将龙虾肉和头壳分别撒上适量淀粉拌匀，先放龙虾肉于沸油中炸至九成熟，再放头壳炸至熟，把油倒出。将牛油、洋葱丝、蒜蓉入锅同炒，炒至微黄、有香味溢出，加入600毫升清鸡汤，加适量盐调味，汤煮开后放入炸好的龙虾，再放奶酪在其上面，加锅盖以大火煮沸。另外加适量淀粉于鲜奶中调匀作勾芡用，待龙虾煮至水分快干时就可以勾芡，芡全熟后即可盛出上桌。

3.混合料的刀工技法

所谓混合料菜肴，是指原料在两种以上，不分主次，各种原料的特性相互影响、统成一体。因此配菜时各种原料在数量及色、香、味、形诸方面都要调整平衡，刀工成形要大体一致。如果其中的一种原料取自然形态，则其余的原料也应加工成与其相接近的形态、规格。例如，"油爆双脆"中所使用的鸡肫或鸭肫及猪肚子，均属爽脆而富于弹性的原料，因此在外形上多采用蓑衣块，其剞制的深浅、厚薄，块粒的大小都必须统一。又如"糟三白"中的鸡、鱼、竹笋等均应切成片，使色泽洁白，协调自然。

这类菜肴在命名上都带有数字，如"炒双冬"、"油爆双脆"、"烧双笋"、"三味蔬菜"、"三丝汤"、"四色宝蔬"等。

无论主辅料分明或是主辅料不分明的菜肴，各种原料均须分别摆放。因为下料有先后之分，如果混在一起，难以分开下锅，会因所需炒煮时间不同而影响菜肴的品质。

（1）清炒三味

主料：荷兰豆、茭白和冬菇各适量

调料：耗油、姜汁、葱油、虾子各适量

操作方法：

①荷兰豆摘去两头，撕去筋络，放入水盆里洗干净。

②用刀将荷兰豆切成段。

③用刀切去茭白的老根，剥去壳后用水洗净，斜刀切成片状。

④冬菇放在清水盆里稍挤捏一下。

⑤切去冬菇蒂。

⑥将冬菇片成片后再切成长条。

烹饪过程：

分别加入蚝油、姜汁、葱油、虾子等调味品，将荷兰豆、茭白、冬菇炒成美味的清炒三丝。

（2）锦绣鱼丝

主料： 草鱼、胡萝卜、冬菇、冬笋、青辣椒和皮蛋各适量

调料： 蒜蓉、姜丝、葱丝、盐、绍酒、味精、胡椒粉、水淀粉、食用油各适量

操作方法：

①把草鱼刮去鳞。

②把草鱼去掉内脏，洗净血污。

③把草鱼剔去鱼骨。

④把草鱼片去鱼皮。

⑤把草鱼肉片成薄片，再切成细丝。

⑥把胡萝卜、冬菇、冬笋、青辣椒和皮蛋分别切成比鱼肉丝略细的丝。

烹饪过程：

　　将蒜蓉、姜丝、葱丝、盐、绍酒、味精、胡椒粉、水淀粉调成芡汁。炒锅置大火上，下入食用油烧至四成热，放入鱼丝滑开，再放入胡萝卜丝、冬菇丝、冬笋丝、青辣椒丝、皮蛋丝翻炒，再下芡汁炒匀即可。

第四章　刀工应用

（3）酿玉鸳鸯

主料： 豆腐、瘦肉和丝瓜各适量

调料： 咸蛋黄、鱼滑、淀粉各适量

操作方法：

①刨去丝瓜的外皮（留部分青皮）。

②将丝瓜切成棋子形。

③用挖球器掏空丝瓜块中间部分呈臼状。

④在丝瓜上撒上适量淀粉，嵌上咸蛋黄。

⑤取瘦肉制成蓉，调味作馅。

⑥将豆腐切块呈棋子形，挖去中间部分成臼状。

⑦在豆腐上撒上适量淀粉，嵌上鱼滑。

烹饪过程：

将制好的丝瓜和豆腐上笼蒸熟，摆成形，淋上勾芡汁即可。

（4）白玉五彩虾仁

主料： 冬瓜、白果、蜜豆、胡萝卜、冬笋、冬菇、虾仁各适量

调料： 蒜蓉、姜末、短葱榄各适量

操作方法：

①取冬瓜一块，去皮修成长方形，均匀地切成长方形片；白果去外壳、内皮。

②把冬瓜均匀地排在圆盘内，边上摆白果，上笼蒸制。

③蜜豆去筋，洗净后切成细小的菱形丁。

④胡萝卜削去外皮，洗净，改刀切成细小的菱形丁。

⑤冬笋切去老根，剥去笋壳、笋衣，洗净后放入冷水锅中煮至半熟，再改刀切成细小的菱形丁。

⑥冬菇浸泡在冷水里胀发回软，剪去老根，洗去泥沙并切成丁。

⑦虾仁去除内脏及尾，洗净并切成丁。

烹饪过程：

用滑炒的烹调方法将蜜豆、胡萝卜、冬笋、冬菇、虾仁烹制成五彩虾仁，然后把炒好的五彩虾仁放在圆盘中央的冬瓜上。

第四节 冷菜刀工技法与拼配方法

冷菜是有别于热菜的另一大菜类。冷菜配制的技术性很强，口味的搭配、颜色的调配、形态的组配，都是值得细细研究的。花色冷盘更要求厨师有较高的艺术修养，使制成品既好吃又好看，且不流于庸俗，能给食者留下深刻、美好的印象。冷菜拼配的刀工技法与热菜基本一样，但总的来说，它比热菜还要精细一些，要求更高一些。冷菜切配后直接上桌，其原料主要是熟料，与热菜的原料稍有差别。刀工与装盘是冷盘成形的两大关键，冷盘的质量取决于刀工技术的好坏和装盘拼摆技巧的熟练程度。冷盘的常用原料有腊肉、猪耳朵、火腿肠、腊肠、香干、河虾、蛋皮卷、西火腿、寿司、山楂、皮蛋、海带、蛋黄糕、牛肉、猪肘、素鸡、猪舌、猪肺等。制作冷盘所用的原料多是色彩丰富、可直接入口的食物。

1.冷盘成形常用刀法

冷盘制作时对刀工的要求：整齐划一，干净利落，配合图案，协调形态。

一般是根据拼摆的具体要求，将原料用刀切或用模具挤压成不同形状的实体，然后再切成形状不同的片，如柳叶片、象眼片、月牙片、梭形片、连刀片、玉兰片等。切配冷菜时的刀工技法应根据原料的不同质地灵活运用，刀工的轻、重、缓、急要有分寸，成形原料的厚薄、粗细、长短均要一致。在冷菜拼配过程中运用得较多的刀法有锯切、滚料片切、拍、斩、抖刀片、推切等多种。

（1）锯切

锯切是冷菜制作中运用广泛的一种刀法。冷菜成熟后有肥有瘦、有软有硬，加工时必须同时运用锯切、直切两种刀法。先将刀向前推，然后再向后拉，切表面的软肉，待刀刃进入硬肉的1/2时再用直刀切刀法切下去，这样才能保证肉面的光滑美观。锯切主要用于加工冷菜中质地较硬或易松散的肉类原料，如火腿、牛肉、肴肉、羊羔等。锯切的要求是落刀要直，不能过重、过快，左右手密切配合，一刀未起，不能移动。

（2）滚料切

冷菜中的滚料块不像热菜中的滚料块那样大，要求切得细小、厚薄均匀，大多切成剪刀头形，即一边较薄，另一边略厚，这样易入味，装盘也美观。步骤是左右手配合，切一刀后滚动一下原料再切，滚动的角度要小。滚料切大多用于加工冷菜中圆形或腰圆形、质地脆的原料，如冬笋、莴苣、茭白等原料。滚料切时要求成形原料精细、均匀，左右手协调配合，随滚随切，块形大小要以方便入味、方便食用为原则。

（3）劈、拍、斩

在加工一些带骨的原料时，需要变换使用这三种刀法。先将刀劈入原料，然后用手拍刀背，使料断开，再使用斩的方法，将原料斩成所需要的形状。例如，斩盐水鸭时，应先将刀从鸭的胸前肉厚处切入，当刀口接触胸骨时，再将刀竖直，用拳头在刀背上拍，以斩断胸骨，然后斩成所需要的块形。这三种刀法综合使用，主要是用于加工一些带骨（或不带骨）的大型原料，如烤鸭、白斩鸡、酱鹅、盐水鸭等。使用这种刀法需要注意的是重心要低，以防原料跳动。

（4）抖刀片

抖刀片是冷菜切配中的一种艺术刀法，即在进行平刀片或斜刀片时上下抖动，使其所切刀面呈波浪形的刀纹。例如，切五香豆腐干时用此种刀法切成片，然后切成条形，这样截面即呈锯齿形；片松花蛋时，右手执刀，左手手指头抓住松花蛋，刀口切入松花蛋，不停地上下抖动，左手转动松花蛋，片下的片就是菊花形的。

冷盘的拼盘刀法除上述以外，有时还配合一些特殊刀法，如雕刻法和美化刀工法。

2.冷盘拼摆的基本方法

（1）弧形拼摆法

弧形拼摆法是指将切成的片形原料等距离地按一定的弧度，整齐地旋转排叠的一种拼摆方法。这种方法多用于一些几何造型（如单拼、双拼、什锦彩拼等）、排拼（如菊蟹排拼、腾越排拼等）、中弧形面（或扇形面）的拼摆，也经常用于景观造型中河堤（或湖堤、海岸）、山坡、土丘等的拼摆。可见，这种拼摆方法在冷盘的拼摆制作过程中运用非常广泛。

根据原料旋转排叠的方向不同，弧形拼摆法又可分为右旋和左旋两种拼摆形式。具体运用哪一种形式进行拼摆，要以冷盘造型的整体需要和个人习惯而定，不能一概而论。冷盘造型的某个局部采用两层或两层以上弧形面拼摆，要顾及整体的协调性，在同一局部的数层之间或由若干类似局部共同组成的同一整体中，却不可采用不同的形式进行拼摆，否则，就会因变化过于强烈而显得凌乱，影响整体效果。

（2）平行拼摆法

平行拼摆法是指将切成的片形原料等距离地往一个方向排叠的拼摆方法。在冷盘造型中，根据原料拼摆的形式及成形效果，平行拼摆法又可分为直线平行拼摆法、斜线平行拼摆法和交叉平行拼摆法三种。

①直线平行拼摆法。

是指将片形原料按直线方向平行排叠的一种拼摆形式。这种拼摆形式多用于呈直线形的冷盘造型中，如"梅竹图"中的竹子、直线形花篮的篮口、"中华魂"中的华表、直线形的路面等。

②斜线平行拼摆法。

是指将片形原料往左下或右下等距离平行排叠的一种拼摆形式。景观造型中的山多采用这种形式进行拼摆。用这种形式拼摆而成的山，更有立体感和层次感，更加自然。

③交叉平行拼摆法。

是指将片形原料左右交叉平行（等距离）往后排叠的一种拼摆形式。此拼摆方法多用于器物造型中的编织物品的拼摆，如花篮的篮身、鱼笼的笼体等。

（3）叶形拼摆法

叶形拼摆法是指将切成柳叶形片的冷盘原料拼摆成树叶形的一种拼摆方法。这种方法主要用于树叶类的拼摆，有时以一叶或两叶的形式出现在冷盘造型中，如"欣欣向荣"中花卉的两侧。这类形式往往与各类花卉组合，有时则以数片组成完整的一片树叶的形式出现，如"蝶恋花"中的多片树叶，"秋色"、"一叶情深"中的枫叶等。由此可见，叶形拼摆法在冷盘的拼摆过程中运用也非常广泛。

3.冷盘的装盘手法

将加工好的冷菜原料，经过刀工处理后，整齐美观地组装在盛器中的过程称为装盘。装盘是冷菜制作过程中的最后一道工序，不但要求厨师具有娴熟的刀工技法，还需要其具有一定的美术基础知识和熟练的装盘技巧，使冷菜的色、香、味、形、器五个方面臻于完美。装盘的基本要求是：色彩和谐，刀工整齐，拼摆合理，盛器协调，用料恰当。

冷菜装盘的手法有排、堆、叠、围、摆、覆等几种。

（1）排

排就是将原料整齐地排放在盘中。在制作时一般有两种情况，一种是在菜墩上切斩后将原料即整齐地排列于菜墩面上，只需用刀铲起轻轻排放盘中一边即可。另一种是经切制或不经刀工处理的小型原料，需将其逐个地排放于盘中。

（2）堆

堆是把原料堆入盘中，多用于乱刀面原料的安放，有时也用于花色冷盘中堆制出一定的形状。

（3）叠

叠是将切配的片状原料，一片一片整齐地叠起来，除了层层相叠外，大多是一片的前半部分叠在另一片的后半部分，这样可以叠成扇形、梯形或是花色冷盘中的一些形状。

（4）围

围是将切制好的原料排列成环形。围的手法有好几种。在主料四周围上一圈不同色彩的原料或是制成一定形状的点缀物叫"围边"；主料排围成花朵形，中间再点缀上一点儿调料成花心，叫作"排围"。

（5）摆

摆主要用于制作花色冷盘，把具有多种色彩并加工成不同形状的原料，拼摆成各种图形或图案。用这种方法，需要具有熟练的技巧和一定的艺术素养。

（6）覆

覆是先将原料排在碗中或刀面上，再翻扣于盘内或菜面上。这样做的好处是原料不易变形，所以，所用原料多为不易拼摆整齐或是拼好后略受震动即易变形的。也可在一种原料面上覆上另一种排放齐整的原料等，冷菜大都取用覆法。

4.冷盘装盘的类型和样式

冷盘按其组成的内容和拼摆形式可分为一般冷盘和花色冷盘。一般冷盘又可分为单碟、双拼、三拼、什锦等几种。

（1）单碟

又称单盘或独碟，就是将一种冷菜原料装于一盘之中（点缀物不算），这种单碟可以是一个刀面，块状或片状拼排成馒头形或方形；也可以是乱刀面，堆成小山形。在规格较高的筵席上，有时还拼成简单的图形。单碟在实际运用中，往往是几个单碟拼成一组冷盘，显得小巧精细。

京式片皮鸭

主料：鸭1只（约2500克），粉丝100克，胡萝卜、红尖椒、葱段、薄饼、黄瓜各适量

调料：盐50克，甜面酱75克，玫瑰露酒10毫升，糖100克，食用油适量

烹饪过程：

①鸭去油、肺、喉后洗净，沥干肚内水分。

②将盐放入鸭肚中擦匀，用鹅尾针从肛门处缝至肚，把针口收入肚内；将鸭入沸水中将皮收紧，取出，过凉水；用玫瑰露酒涂匀鸭身，放在风口处吹干鸭皮。

③将黄瓜、胡萝卜切成6厘米长的细丝，分别放在两小盘上；红尖椒切成圈，中间穿入葱段，然后在葱段两头划斜"井"字形，用盐水浸开花。

④将吹干的鸭放入已预热的烧炉内烧约40分钟，取出，冷却后将鸭肚内的味汁倒出，留用。

⑤将粉丝用高温油（约230℃）炸至松脆后放在盘上；用油锅烧油至180℃～220℃，将烧鸭炸至表皮呈金红色。

⑥片皮：把烧烤好的鸭放在菜墩上，除去烧腊钩，鸭胸向上，先用斜刀在嗉囊部位从中间向两侧片出2块皮，再从嗉囊下开始，斜着刀分别在胸肉的两边至内腿侧片出2块皮，每块切成3片。把鸭翻转，背向上，在两翼部位片出2块皮，再从尾端下刀顺着脊背骨片出1块皮，切成2片，然后将两翼掀起，从翼下处下刀，顺向尾端连同腿外侧至尾部，片出2块皮，每块切成5片，最后从胸下至尾部的肚皮处片出2块皮。共片出24块皮，平放在炸粉丝上面。上桌时配上葱圈24个，薄饼24张，黄瓜丝和胡萝卜丝适量，糖、甜面酱各两碟。

⑦食用时1张薄饼包1块鸭皮、1个葱圈、适量黄瓜丝和胡萝卜丝，蘸适量糖和甜面酱即可。

水晶肘子

主料： 猪肘适量

调料： 柠檬片、香菜叶、圣女果、酸辣汁、卤汁各适量

烹饪过程：

①将猪肘去骨后卷起，用净纱布包好，放入白卤水中卤熟后冷冻。

②将猪肘去掉纱布，用直刀法切成薄片，依次拼摆猪肘片，用柠檬片、香菜叶、圣女果作饰物。

③配上蘸汁（酸辣汁、卤汁）上桌即可。

腐皮碧绿鱼卷

主料： 腐皮、菠菜、鱼肉、黄瓜各适量

调料： 香油、姜汁、盐各适量

烹饪过程：

①将鱼肉剁成蓉，菠菜切碎，加盐制成馅。

②将腐皮包入馅料后卷成筒形。

③将腐皮卷上笼蒸熟，冷却后切片，摆成花形，用黄瓜作花叶。

④配上香油、姜汁上桌即可。

松花豆腐

主料： 山水豆腐、松花鸽蛋各适量

调料： 葱油汁适量

烹饪过程：

①将山水豆腐蒸熟，用直刀法切成片，摆好。

②将松花鸽蛋一分为二，摆在豆腐边上。

③配上葱油汁上桌即可。

（2）双拼

双拼是把两种冷菜原料拼装在一个盘里。双拼多以两个刀面，或一个刀面、一个乱刀面组成，所以它讲究刀工的精细与拼装的美观，两种原料的色彩、口味、形状等都必须配合恰当。

扇形片

主料： 火腿、木瓜、青笋各适量

调料： 红辣椒适量

烹饪过程：

①将火腿切薄片，拼成扇面。

②木瓜去皮、去子、切片，拼成扇骨。

③青笋刻片作大边，红辣椒作饰物。

素双拼

主料： 黄瓜、木瓜各适量

调料： 冰糖适量

烹饪过程：

①木瓜去皮、去子，以直刀切刀法切成条，放入冰糖水中，放入冰箱中冰镇。

②黄瓜洗净，以直刀切刀法切成条。

③另取黄瓜切片，摆入盘中间，将黄瓜条、木瓜条分边装盘。

双花争艳

主料： 番茄、红肠、橙子各适量

调料： 葱油适量

烹饪过程：

①番茄用100℃开水烫过，去外皮。

②将橙子切片拼摆在盘中间作饰物，将番茄、红肠分别切成薄片，卷成花形。

③浇上葱油即可。

（3）三拼

三拼是将三种冷菜原料装于一个盘中，三拼一般起码有两刀面。其形式有两种，冷菜原料在盘中三等分，或是在两种冷菜原料上叠第三种冷菜原料，因此要求比较高，在形状、刀工、色彩、口味量的比例等方面都要求安排得当，除了双拼必须注意的一切要点外，它还强调刀面与刀面之间的拼接缝隙要吻合、高低要一致。如果三拼能做好，有些四色、五色（四拼、五拼）冷盘的制作就不难了，因为它们比之于三拼仅仅是原料的增加而已。

花形三拼

主料：猪肝、牛肉、蛋黄糕各适量

调料：番茄、海带丝、香菜各适量

烹饪过程：

①将猪肝、牛肉、蛋黄糕均切成片。

②将猪肝片呈扇形拼摆在盘内占1/3的位置，接着依次拼摆牛肉片、蛋黄糕片，做出首层。

③按同样手法拼出第二层，用番茄、海带丝、香菜作饰物。

卤水三拼

主料：卤鹅翼、卤鹅胃、卤素鸡各适量

烹饪过程：

①将卤鹅胃和卤素鸡均切成片，分别摆在碟的两侧。

②将卤鹅翼斩整齐，铺在碟中间即可。

（4）什锦冷盘

什锦冷盘是把许多种（一般指6种以上）冷菜原料同装在一个盘里。由于原料多，所以其拼装的难度就较大。做得好的什锦冷盘，应该是看似一个整体，细分则有多种色彩和滋味。"一个整体"，就要求制作时各种原料在盘中所占位置大致相等，"左邻右舍"的交接应严密合缝；"多种色彩和滋味"则要求将各种原料有机地组合在一起，要考虑颜色、口味、质感、荤素之间的搭配。什锦冷盘中有一种全用去骨原料和无骨原料拼装而成的，即平面什锦冷盘。平面什锦冷盘对刀工的要求极高，整个冷盘全部由刀面组成，原料都切成厚薄匀称的片，其长短、宽窄都要求相近或相同；在盘中排列均匀，色彩相同，而且表面要求平整，其拼摆难度是冷盘中最大的。

主料：黄瓜、猪舌、胡萝卜、五香牛肉、青笋、蛋白糕、火腿、松花鸽蛋、红辣椒、蛋黄糕、猪肝各适量

调料：圣女果、海带丝、香菜各适量

烹饪过程：

①将黄瓜、猪舌、胡萝卜、五香牛肉、青笋、蛋白糕、火腿、红辣椒、蛋黄糕、猪肝均切成片，依次呈扇形叠拼成一圈作底层。

②用同样的手法拼出第二层，拼上松花鸽蛋，用刻出小花的圣女果、海带丝、香菜作装饰。

（5）花色冷盘

花色冷盘又叫像生拼盘，是将冷菜原料用刀工处理后用一定手法拼制出花、鸟、虫、鱼等动、植物形态的冷盘。其特点是观赏价值高，能给整桌筵席增添光彩，提高其档次。

花色冷盘所用原料与一般冷盘相同，其中尤其以色彩鲜艳或可塑性强的原料用得较多，切制的方法也与一般冷盘相似，拼配法与一般冷盘不完全相同，摆、叠手法用得较多，还常运用食品雕刻，将一些脆性的植物类原料或是蛋糕之类雕削成一定的形状，用于花色冷盘被塑形象的某一较难拼制的局部，如孔雀的头及龙的头、爪等多以萝卜、南瓜、蛋黄糕等雕刻。花色冷盘还常用打底色的方法，即将琼脂化开，略加色素浇于盘底，待其凝固后，可补盘子底色之不足，如拼制金鱼冷盘时可将底色调成浅绿或浅蓝色以喻水底，拼雄鹰冷盘时可将底色调成浅蓝色以示天空。

操作者只有具有较高的艺术修养，能运用色彩学原理，懂得动、植物的外形构造，才能拼制出形象逼真、色彩怡人的冷盘来。

小鸟报喜

主料：花菜、果脯、咸水虾、虾仔、海带丝、猪耳丝、紫菜卷、苦瓜、水晶肘子、红肠、蟹柳、芹叶、胡萝卜、黄瓜、樱桃萝卜、猪肝、菜松、蛋白糕、火腿、腰豆、柠檬、红辣椒各适量

烹饪过程：

①用蟹柳、紫菜卷、苦瓜、水晶肘子、红肠、猪耳丝、咸水虾、虾仔、海带丝、花菜、果脯、腰豆拼成假山，以芹叶、柠檬片、红辣椒圈拼花作饰物。

②用胡萝卜、黄瓜、樱桃萝卜、柠檬片拼出在山上的鸟的身体，用菜松做头，用胡萝卜刻出鸟眼、鸟嘴，拼出小鸟。

③用火腿、黄瓜、蛋白糕、樱桃萝卜拼出另一只飞翔的鸟的身体，用猪肝拼出鸟尾，用菜松拼头，用胡萝卜刻出鸟眼、嘴，拼成小鸟。

蝶舞桃源

主料： 樱桃萝卜、黄瓜、苦瓜、胡萝卜、松花鸽蛋、菜松、蟹柳、蛋黄糕、蛋白糕、山楂片、山楂卷、红辣椒、海带丝、猪肝、西蓝花、番茄、紫菜卷、五香牛肉、提子干各适量

烹饪过程：

①将黄瓜、胡萝卜、番茄、蛋白糕均切成柳叶形片，拼出大蝴蝶的双翅。以山楂片做蝶身，海带丝做须，黄瓜皮做尾，拼出大蝴蝶。

②用胡萝卜、樱桃萝卜拼出小蝴蝶的双翅，以菜松做蝶身，蛋黄糕做腿，海带丝做须，拼成另一只小蝴蝶。

③将蟹柳、松花鸽蛋、紫菜卷、猪肝、五香牛肉、苦瓜、西蓝花、番茄、黄瓜均切成片，与提子干一起拼摆成假山。

④ 用山楂卷、红辣椒圈分别拼出两朵小花，作饰物。

荷香幽幽

主料： 蛋黄蓉、蛋白糕、蛋黄卷、胡萝卜、青笋、酱猪舌、五香牛肉、西蓝花、山楂卷、素菜卷、蜜饯、花菜、海带丝、火腿、紫菜卷、樱桃萝卜、黄瓜、番茄、木瓜、松花鸽蛋各适量

烹饪过程：

①用蛋黄蓉垫成隆起的椭圆形环，将五香牛肉、酱猪舌、蛋白糕、火腿、青笋、蛋黄卷、胡萝卜均切成柳叶形薄片，叠码在蛋黄蓉上，中间放海带丝拼成大荷叶，另用木瓜、胡萝卜做出另一片小荷叶，黄瓜皮刻茎，番茄皮刻荷包。

②将黄瓜、松花鸽蛋、西蓝花、素菜卷、蜜饯、花菜、火腿、紫菜卷、樱桃萝卜、山楂卷均切成片，和海带丝一起拼摆成底边。

第五节　蔬菜

1.初加工

（1）原则

①按规格分档加工。

根据不同菜肴对蔬菜部位及质量的要求不同，将蔬菜的心部、尖部、内叶、外叶、嫩茎、老茎等按档次分别加工。在同一蔬菜的加工中，还要按照原料的粗细、长短、大小等规格分别整理，以适合刀工和烹调的需要。

②洗涤得当，确保卫生。

根据蔬菜的具体情况，有的洗涤后整理，有的整理后洗涤；有的削剔后洗涤，有的洗涤后削剔。总之，要保证蔬菜原料加工后的卫生质量。

③合理放置。

根据蔬菜品种的特征，将其分别放置在通风、阴凉、干湿度适宜的环境中，以确保蔬菜加工后的质量。

④正确的初加工。

叶菜类烹饪原料在初加工时，黄叶、老叶、虫卵、杂物必须清除干净，以确保菜肴的质量。

⑤程序合理

蔬菜初加工在程序上应先洗后切，否则蔬菜会从切口处流失较多的营养成分，同时也容易受细菌的感染。

（2）方法

①选择整理。

选择整理是蔬菜初加工的第一个步骤。它包括摘剔、撕摘、剪切、刮、削等处理方式。根据不同的蔬菜选择不同的处理方式，如叶菜类需要择去黄叶、烂叶、须根，除去泥土杂质；根茎类需要削去或剥去表皮；果蔬类需要刮削除去外皮，挖掉内瓤；鲜豆类要摘除豆荚上的筋络或剥去豆荚；花菜类需要择除外叶，撕去筋络等。

②洗涤。

洗涤是蔬菜初加工的第二个步骤。一般是在选择整理之后进行的。但如果蔬菜上有过多污物、虫类或部分变质，也可先洗涤再选择整理。洗涤时，可根据蔬菜的具体情况，分别采用冷水、热水、盐水及高锰酸钾溶液等洗涤。一般来说，冷水洗涤可保持蔬菜的鲜嫩，凡是附带泥土、污物的蔬菜，只需在冷水中泡洗，即可洗干净。有些带有异味或需除去外皮的蔬菜，则应用热水洗涤，如用热水烫洗番茄便于剥去外皮，用热水洗涤豆制品可以除去豆腥味等。特别是在寒冬季节菜叶枯萎的情况下，采用温水稍浸，使其回生，更易洗净污物。有些蔬菜上有较多的小虫和虫卵，不易洗净时，可用2%的盐水浸洗，菜上的小虫即浮出水面，易于清除。

2.加工实例

（1）小白菜

小白菜又名青菜、鸡毛菜、油白菜，属十字花科蔬菜，其颜色较青。据测定，小白菜是蔬菜中含矿物质和维生素最丰富的菜。选购小白菜时，以鲜嫩、色泽淡绿、质地柔嫩、没有败叶的为佳。小白菜多用于炒、拌、煮等，或作馅心，可做成菜汤。小白菜作为筵席上的菜肴时多取其嫩心，如"鸡菜心"、"海米菜心"，并常作为白汁或鲜味菜肴的配料。此外，它也可干制、酸制、腌制。用小白菜制作菜肴时，炒、熬的时间不宜过长，以免损失营养。

刀工运用：

小白菜可整棵烹调，也可以加工成以下形状。

段：长度为3厘米。可用煸炒的烹调方法，烹制"煸炒小白菜"。

粒：用作饺子馅、包子馅等。

丝：规格为 5厘米×0.2厘米×0.2厘米，一般取菜梗，可用炒、拌、炝、烩等烹调方法，烹制"菜梗肉丝"、"烩三丝"等。

菜品示例：小白菜豆腐汤

主料： 小白菜100克，嫩豆腐250克

调料： 盐、味精、香油各适量

烹饪过程：

①将小白菜择去根和黄叶，洗净，滤干，顺切一刀。

②将嫩豆腐切成厚片。

③起汤锅，加入300毫升水，放入豆腐片，加适量盐，用大火烧开后，再放入小白菜，继续烧5分钟，加味精，淋上香油，装碗即可。

（2）油菜

油菜，又名大头青，在广东又叫小塘菜。因其子可榨油，故名。油菜颜色深绿，帮如白菜，是十字花科植物。油菜是最为普通的蔬菜，菜帮厚实，菜叶碧绿。福建和广东一带的油菜口感尤其爽脆。

油菜的营养含量及食疗价值可称得上是蔬菜中的佼佼者。据测定，油菜含多种营养素，其中维生素C的含量要比大白菜高1倍多。油菜含有蛋白质、脂肪、糖类、膳食纤维、钙、磷、铁、胡萝卜素、维生素B₁、维生素B₂、烟酸、维生素C等，尤以各种维生素和矿物质的含量最为丰富。熟油菜过夜后不能再吃，以免亚硝酸盐沉积，引起癌症。

油菜一般用来煸炒，菜叶可油炸或做菜松，也可做酿菜，亦可凉拌食用。食用油菜时要现切现做，并用大火爆炒，这样既可使其保持鲜脆，又可保证其营养成分不被破坏。

刀工运用：

油菜可加工成丝、段、菜胆等，也可制作成简易实用的盘饰。

丝：规格为5厘米×0.2厘米×0.2厘米，一般取自菜梗，可用炒、拌、炝、烩等烹调方法，烹制"菜梗肉丝"、"辣菜梗"、"姜汁菜丝"、"烩三丝"等。另一种规格为6厘米×0.1厘米×0.1厘米，可用于炸的烹调方法，烹制"脆炸菜松"及用于花式菜围边。

段：长度为8厘米。适用于煸炒的烹调方法，烹制"煸炒青菜"。

菜胆：长度为6厘米。加工方法是先剥去老叶梗，用菜刀切去部分菜叶，然后用菜刀或剪刀修去菜梗边角的部分菜叶。适用于干烧、炖、扒等烹调方法。

菜品示例：口蘑油菜

主料： 油菜500克，口蘑100克
调料： 高汤150毫升，红辣椒、水淀粉、盐、糖、味精各适量
烹饪过程：

①将油菜去外叶，留心，洗净备用。

②将口蘑洗净，切扇形花刀。

③将红辣椒切成短丝；油菜头部用小刀开一小口，将红辣椒丝插入，放入开水锅中焯熟。

④将油菜摆于盘内，口蘑用高汤制熟后，用盐、糖、味精调味，摆在油菜边上，用水淀粉勾薄芡，淋在上面即可。

（3）菜心

　　菜心又名广东菜薹，以花薹供食用。菜心起源于中国南部，是由白菜中易抽薹品种经长期选择和栽培而来，并形成了不同的品种，主要分布在广东、广西、台湾、香港、澳门等地。菜心是中国广东的特产蔬菜，能常年栽培，在广东、广西等地为大路性蔬菜，常年运销香港、澳门等地，是这些地区的主要蔬菜，还有少量远销欧美，被当地视为名贵蔬菜。 菜心在北京、上海、杭州、成都、济南等地均有少量栽培，但这些地区的居民没有大量食用的习惯，故在这些地区仍将它列为稀特蔬菜。菜心含有丰富

的蛋白质、脂肪、碳水化合物，以及钙、磷、铁、胡萝卜素、核黄素、尼克酸、维生素等，尤其以含钙量最为丰富。

刀工运用：

　　菜心的加工可简单，可精致。

　　简单的加工方法是，用刀切去头尾，择去黄叶即可（见图①②）。精致的加工方法是做成菜远。菜远是在切除菜心头、尾的基础上，用菜刀裁去或用剪刀剪去部分余叶（成柳叶形），其长度约为6厘米，多用于高档食肆（见图③④⑤）。

菜品示例：菜远炒鸡杂

主料：菜心、鸡杂各适量

调料：料酒、蒜蓉、食用油、盐各适量

烹饪过程：

①将菜心洗净，改刀成菜远。

②鸡杂洗净，切成小件，加料酒腌渍。

③将菜远、蒜蓉炒香，置于盘底。

④鸡杂用食用油炒香后加盐调味，放在菜远上。

（4）芹菜

芹菜为伞形科植物，原产于地中海沿岸，在我国已有2000年以上的栽培历史。由于长期选种和栽培管理方法的差异，已形成自成一系的"本芹"。我国为提高单位面积产量，尽可能密植，故芹菜植株收敛而叶柄细长，纤维素含量偏高。自欧美引种的"西芹"则适宜稀植，致使植株充分发育而叶柄肥大粗壮，纤维素含量较本芹低。芹菜在我国栽培较广，冬季温室、大棚极易生产，又耐储存，四季均可上市。

芹菜适用于炒、拌、炝等烹调方法，刀工成形以段较多。用作主料可制作"芹菜炒肉丝"、"芹黄肚丝"、"海米拌芹菜"、"炝芹菜"、"茶干炒芹菜"等菜肴，还可以用作面点馅料。芹菜不可加热过度，否则会失去脆嫩感及翠绿色。

刀工运用：

①除去芹菜的叶子，切掉粗老的根部。

②将茎部粗老的植物纤维刨去，去掉腐烂斑痕。

③刷洗干净，沥尽水分。

芹菜可加工成段、粒等。

段：长度为5厘米。用作炒菜的辅料，烹制"芹菜牛肉丝"、"芹菜干丝"。

粒：用作炒粒类菜肴的主料或辅料。

菱角段：长度为3.5厘米。适用于拌、炝等烹调方法，烹制"开洋芹菜"、"花椒芹菜"、"芹菜方干丁"。

菜品示例：西芹炒腊味

主料： 腊肉片75克，腊肠80克，西芹200克，胡萝卜、蒜蓉各适量

调料： 食用油、味精、鱼露、黑胡椒粉、水淀粉、盐各适量

烹饪过程：

①腊肠用直刀切刀法切成片，胡萝卜切成菱形块，西芹刨去外皮后用斜刀切刀法切成菱形段。

②锅内加适量开水，倒入西芹、胡萝卜焯熟后捞起。

③锅内烧油，放入腊肉片、腊肠炒香，倒回笊篱沥油；锅内加适量食用油并放进蒜蓉、西芹、胡萝卜略炒，再放进腊肉片、腊肠、味精、盐、鱼露、黑胡椒粉，倒入适量开水用大火爆炒片刻，用水淀粉勾芡，淋明油即可。

（5）土豆

土豆，又称马铃薯、山药蛋、洋芋等，为茄科植物，原产于南美秘鲁、智利的高山区。土豆传入我国，迄今仅百年左右，现在我国各地均有栽培。 由于其易栽培、高产、耐储藏、便于运输，在国内种植很广，东北地区以黑龙江的克山地区、内蒙古的呼和浩特地区为中心，在资源、育种、栽培面积、品种质量和单产上都占绝对优势，并年年向南方输运种薯和大量商品薯。土豆的种类很多，外形有球形、椭圆形、扁平形、细长形等形状；表皮有黄、白、红等色；块茎肉质有白、黄两色，以白色最为常见。上市一般分夏、秋两批，冬储则可供食至次年春天。夏季上市的土豆为早熟种，产量低，个头小，质量稍次；秋末上市的土豆因生长期较长，产量高，个头大，质量好。

刀工运用：

①将土豆外部泥沙初步清洗之后，削去外皮、青绿和发芽部位。

②挖去斑痕。

③清洗干净，浸泡密封，低温存放，防止氧化变成褐色。

土豆适用多种刀工成形，丁、丝、条、片、块、泥皆可。

片： 规格为4厘米×2厘米×0.1厘米。用作炸、炒、熘、爆等菜肴的配料或主料，烹制"炸土豆片"、"炒素什锦"等。

块 ： 规格为4厘米×2厘米×2厘米。可用于黄焖、红烧、拔丝等烹调方法，烹制"红烧土豆"、"五香土豆"、"拔丝土豆"等，并可用作"黄焖鸡块"、"咖喱牛肉"的配料。

刀工技艺

丁：规格为1.2厘米×1.2厘米×1.2厘米。可用于炒、爆等烹调方法，烹制"炒酱丁"、"炒辣酱"、"酱爆肉丁"。

条：规格为4厘米×1.2厘米×1.2厘米。可用于炸的烹调方法，烹制"椒盐土豆条"或用作"金钱牛排"、"串烤里脊"的配料。

丝：规格为5厘米×0.1厘米×0.1厘米，用于炒、熘等烹调方法，烹制"尖椒土豆丝"、"醋溜土豆丝"。另一种规格为5厘米×0.05厘米×0.05厘米，可用于制作"雀巢"：将土豆丝放在漏勺里，上面再压上一个漏勺，然后放入油锅里炸熟定形后取出即成。切法见下图①～⑥。

温馨提示

　　土豆含有多酚类的鞣酸，切后在氧化酶的作用下会变成褐色，故切后应立即放入水中浸泡一会儿并及时烹制。土豆储存过久发芽后，芽眼附近会形成龙葵素等毒素，食后易引起恶心、头痛、抽搐等症状，故不宜食用。

菜品示例：炒土豆丝

主料：土豆200克，青、红辣椒各50克

调料：食用油600毫升，盐、味精、料酒、葱末、姜末、蒜末各适量

烹饪过程：

①将土豆去皮，洗净，切成丝，冲洗净淀粉；青、红辣椒均切成丝，备用。

②锅内加水煮沸，放入切好的土豆丝，略烫后捞起。

③锅内放油烧热，放入葱末、姜末、蒜末、青和红辣椒丝，炒出香味，投入土豆丝，加盐、味精、料酒调味，快速翻炒出锅即可。

（6）芋头

芋头又称芋、芋艿，为天南星科草本宿根性植物，食用部位是其球茎。芋头原产于印度、马来半岛等热带地方，在我国南方栽培较多，著名的品种有广西荔浦芋头、台湾槟榔芋头等。芋头的形状大小依品种而异，呈球形、卵形、椭圆形等，块型不等，其上端有顶芽，其下有多数环形节，节上有薄毛皮，且节上可生腋芽。芋头由于含有微量的尿墨酸，具有一定的涩味。

芋头的成分大部分是淀粉，其淀粉颗粒的内部构造很疏松，很容易糊化，熟后质地细软糯滑。芋头既可做菜肴，又可做粮食，被认为是重要的粮食辅助作物。芋头做菜肴，可红烧、挂浆、煮食等。可用芋头来做的小吃细点就更多了，如"芋饼"、"芋粉团"、"芋包"、"咸馅芋饼"、"蜜饯芋片"、"糖芋艿"等。用芋头制作菜肴时最宜用煨、烧、烩的烹调方法，成菜口味咸甜皆可，荤素咸宜。

刀工运用：

将芋头洗净，去皮，然后浸在水盆里，边冲边洗，直到芋头色白、无污物、无白沫为止。去皮的芋头应浸泡在水盆里。由于芋头表皮含有皂甙物，在去皮时，双手会感到奇痒难忍。故在去芋头外皮之前，要先戴好手套，或者是在手上洒些醋，降低皂甙物对皮肤的刺激。也可将芋头洗净，下锅煮熟后再剥去外皮。芋头适宜多种刀工成形，丁、泥、片、丝、块均可。

丁：规格为1.2厘米×1.2厘米×1.2厘米。用作爆、炒等菜肴的辅料，如"炒辣酱"、"酱爆肉丁"等。

泥：用于制馅或制丸，如"清汤芋头"、"素肉丸"等。

片：规格为4厘米×2厘米×0.2厘米。用作爆、炒等菜肴的辅料或主料，如"肉皮炒芋头"、"葱爆芋头"。

丝：用作辅料，如"炸雀巢"等。

菱形块：规格为4厘米×2厘米×2厘米。适用于烧、焖等烹调方法，烹制"芋头腌肉"、"红烧芋头"、"葱烧芋头"等。

菜品示例： 拔丝芋头

主料： 芋头500克，芝麻10克

配料： 白糖200克，熟猪油或清油750毫升(实耗100毫升)

烹饪过程：

①把芋头洗净，去皮，切成滚刀块或菱形块。

②芝麻拣去杂质后待用。

③火上架炒锅，倒入油750毫升，烧至六成热时，放入芋头块，两次炸熟上色(呈金黄色)后滗油。

④将炒锅内的油倒出，留余油15毫升，加入白糖，不停地搅动，使白糖受热均匀并溶化，但火不宜太大，等糖液起针尖大小的泡时，迅速倒入炸好的芋头块，撒上芝麻，颠翻均匀后盛盘即可。

（7）莲藕

莲藕主要产于池沼湖塘中，在我国中部、南部栽培较多，成熟的藕在秋、冬及初春均可采挖。莲藕系多年水生草本植物。莲鞭在夏秋末期生长，其前端数节入土后膨大而形成的根茎称藕。莲藕一般分为3～4节，每节呈短圆形，外表光滑，皮色白或褐黄，内部白色，节中央膨大，内有大小不同的孔道，呈对称分布。

我国的食用藕大体可分为白花藕、红花藕、麻花藕三种。白花藕，鲜藕表皮白色，老藕表皮黄白色，全藕一般2～4节，个别5～6节，皮薄、内质脆嫩、纤维少、味甜，熟食脆而不绵，品质较好。红花藕的鲜藕表皮褐黄色，全藕共3节，个别4～5节，藕形瘦长，皮较厚而粗糙，老藕含淀粉多、水分少、藕丝较多，熟食质地绵，品质中等。麻花藕的表皮略呈粉红色，粗糙、藕丝多、含淀粉多、质量差。

莲藕以头小、身粗、皮白、第一节粗壮、肉质脆嫩、水分多者为佳，藕身无伤、无烂、无变色、不断节、不干缩者较好。

莲藕含糖量高达20%，含淀粉较多，可制成藕粉。莲藕有很高的药用价值，中医认为莲藕性寒、味甘，有止血、凉血、消淤清热、解渴醒酒、健胃等功效。

刀工运用：

①将莲藕的头、尾去掉。　②刨去外皮。　③清洗干净。

莲藕刀工成形时可成丝、片、块等。

丁：规格为1.5厘米×1.5厘米×1.5厘米，适用于烩的烹调方法，烹制"干椒藕丁"、"椒油藕丁"等。

片：按原料的大小，切成0.1厘米厚的薄片。适用于炒、糖渍、拌等烹调方法，烹制"韭菜炒藕"、"糖藕"、"葱油拌藕"等。

段：规格为2厘米长，塞入猪肉末、鸡蓉、虾蓉等，适用于蒸的烹调方法，烹制"瓢藕段"、"鸡蓉蒸藕"等。

丝：适用于炒、凉拌、煮等烹调方法，制作"莲藕炒肉丝"、"炸藕丝"等。

夹片形：按原料的大小，切成0.2厘米厚的夹片，在夹层内塞入馅料，适用于炸、煎等烹调方法，烹制"煎藕夹"、"芝麻藕饼"等。

菜品示例：蜜汁甜藕

主料： 莲藕750克，糯米150克

配料： 蜜莲子25克，蜂蜜50克，糖200克，水淀粉15克，蜜桂花5克

烹饪过程：

①将莲藕洗净，切去藕节的一端；将糯米用清水漂洗干净后浸泡2个小时左右，捞起并晾干。

②在莲藕孔内灌入糯米，边灌边用筷子头顺孔向内戳，使糯米填满藕孔。

③将莲藕放入笼屉，在大火上蒸30分钟，取出；用清水浸泡2分钟，取出，撕去藕皮晾干，切去另一端的藕节，从中割开，切成2厘米厚的块，整齐地摆入碗内，加入糖125克，再放入笼屉，在大火上蒸10分钟，待糖溶化时取出，扣入盘内。

④将炒锅置大火上，下清水50毫升、蜜莲子25克、蜂蜜50克、糖75克、蜜桂花5克烧开，用调稀的水淀粉勾芡，起锅浇在莲藕块上即可。

第四章 刀工应用

（8）姜

姜以不烂、不蔫、无虫伤、无冻伤、不带泥土和毛根者为上品。姜是重要的调味品，有很大一部分菜肴必须用姜来调味。特别是老姜，主要用于调味，兼有去腥臊异味的作用，常切成片或拍松后使用。嫩姜亦可作为主要原料制作菜肴，如"姜丝肉"、"嫩姜炒鸡脯"、"瓜姜鱼丝"、"紫芽姜爆雏鸭"等。

姜，又称生姜，为多年生草本植物，一年生栽培，根茎肥大，呈不规则块状，色黄或灰白，有辛辣味。在我国南北各地均有栽培。北方品种姜球小、辣味浓、姜肉蜡黄、分枝多；南方品种姜球大、水分多、姜肉灰白、辣味淡；中部品种特点介于前两者之间。在烹调时一般把姜分为嫩姜和老姜两类。嫩姜又称芽姜、子姜等，一般在8月份收获，质地脆嫩、水分多、纤维少、辛辣味较轻；老姜多在11月份收获，质地老、纤维多、有渣、味较辣。

姜含有挥发性的姜油酚、姜油酮等，有芳香辛辣味。姜性温、味辛，有解表散寒、解毒等功效。所以在制作某些寒性食物，如烹制水产原料时必用姜，在制作某些野味时也必须加姜，可起到解毒的作用。此外，姜还有健胃的作用。腐烂的姜会产生一种毒性很强的物质——黄樟素，能使肝细胞变性，诱发肝癌和食道癌，故民间流传的"烂姜不烂味"及"烂姜照样用"的说法是不科学的，烂姜千万不要用。

刀工运用：

姜的初加工是去皮和清洗。

姜在烹调中以作调味料为主，刀工成形有片、条、末、块、线、姜花等。

大姜片： 多作大料用，如煲汤料头。

姜条： 比姜丝要粗，主要用于炒菜的料头，如"姜葱蟹"。

姜末： 用途广泛，作炒料、馅料的料头均可。

姜块： 多用于焖、扣的菜式，如"焖羊腩"、"蒜子扣火腩"等。

姜片： 姜片有大指片和指甲片之分，大姜片用于作大料，指甲片用于作小料，切法见下图。

姜丝： 运用比较广泛，炒、煮、烩等都适用。切法见下图。

姜花：姜花的用途同姜片相似，但比姜片显得更有档次，切法见下图。

用姜小常识：

①姜块（片）入菜去腥解膻。

生姜加工成块或片，多数是用在火工菜中，如用在炖、焖、煨、烧、煮、扒等烹调方法中，具有去除水产品、禽畜类的腥膻气味的作用。火工菜中用老姜，主要是取其味，菜熟后要弃去姜。所以姜需加工成块或片，且要用刀面拍松，使其裂开，便于姜味外溢，沁入菜中。例如，"清炖鸡"，配以鸡蛋称"清炖子母鸡"，加入水发海参即为"珊瑚炖鸡"，以银耳球点缀叫作"风吹牡丹"，佐以猪肠叫"游龙戏凤"，添上用鱼虾酿制的小鸡即为"百鸟朝凤"等，在其制作中都需以姜片调味，否则就不会有鸡肉酥烂香鲜、配料细嫩、汤清味醇的特点。

②姜末入菜起香增鲜。

姜在古代亦称"疆"，有"疆御百邪"之说。姜性温，散寒邪，利用姜的这一特有功能，人们在食用凉性菜肴时往往佐以姜末、醋同食，醋有去腥暖胃的功效，再配以姜末，可以防止腹泻，并可杀菌消毒，也能促进消化。例如，"清蒸白鱼"、"芙蓉鲫鱼"、"清蒸蟹"、"醉虾"、"焓笋"等，都需浇上醋，加入姜末，有些还需撒上黑胡椒粉，摆上香菜叶。

姜末在菜肴中可与原料同煮同食，如"清炖狮子头"，猪肉细切并用刀背砸后，需加入姜末和其他调料，制成狮子头，然后再清炖。但更多的是将姜末入油锅煸炒后与主料同烹，使姜的辣香味与主料的鲜味融为一体，十分诱人，如"炒蟹粉"、"咕噜肉"等。姜末多用于炸、熘、爆、炒、烹、煎等方法烹制的菜中，用以起香增鲜。

③姜汁入菜色味双佳。

水产、家禽的内脏和蛋类原料的腥、膻等异味较浓，烹制时生姜是不可少的调料。有些菜肴可用姜丝作配料同烹，而火工菜肴（行话称大菜）要用姜块（片）去腥解膻，一般炒菜、小菜用姜米起鲜。但还有一部分菜肴不便与姜同烹，可又要去腥增香，这时用姜汁就比较适宜，如制作鱼丸、虾丸及各种肉丸时就是用姜汁去腥膻味的。

将姜块拍松，用适量清水泡一定时间（一般还需要加入葱和适量的料酒同泡）就成所需的姜汁了。

生姜在烹调中用途很大，很有讲究，但不是任何菜都要用姜来调味，如单一的蔬菜本身含有自然芳香味，再用姜调味，势必会喧宾夺主，影响本味。

（9）百合

百合的食用方法很多，可做菜入饭，可炒、煎、烧、蒸、煮，可制甜羹，亦可煮粥，如"百合粥"、"桂花糖百合"、"百合莲子羹"、"百合炒肉片"、"百合绿豆莲子汤"等。百合象征团圆、团结、和睦、幸福、纯洁、顺利、财运发达。人们常将百合看作团结友好、和睦合作的象征。民间每逢喜庆节日，有互赠百合的习俗，或将百合做成糕点之类的食品款待客人。广东人更喜欢用百合、莲子同煲糖水，以润肺补气。选购百合时，以个头大、色洁白者为佳，腐烂变黑者不宜食用。

百合是著名的保健食品和常用中药。小者如蒜，大者如碗，因其鳞茎瓣片紧抱，数十片相摞，状如白莲花，故名"百合"。百合为多年生草本，鳞茎球形，其暴露部分带紫色，茎常带褐紫色斑点，叶披针形至椭圆状披针形，花白色且带微黄色，花期5~7月，果期8~10月，属百合科植物。在我国，百合主产于湖南湘潭、浙江湖州及江苏南京等地，以南京四郊产的百合为上品。百合现已成为集食用、药用、观赏于一身的高收入经济作物。

百合主要含生物素、秋水碱等多种生物碱和营养物质，有良好的营养滋补之功效，特别是对病后体弱、神经衰弱等症大有裨益。支气管不好的人食用百合，有助于病情的改善，因百合可以润燥，常食有润肺、清心、调中之功效，可止咳、止血、开胃、安神。食疗上建议选择新鲜百合为佳。百合为药食兼优的滋补佳品，四季皆可用，但更宜于秋季食用。

刀工运用：

百合在初加工时，要去除老皮和百合心，其加工步骤如下图所示。

①将百合球切去两头。

②用刀轻拍百合球，使之松散。

③除去百合老皮和百合心。

④将百合清洗干净，浸泡保存。

菜品示例：西芹百合

主料： 西芹、百合、胡萝卜片各适量

配料： 食用油、盐、味精各适量

烹饪过程：

①将百合一瓣一瓣剥下、洗净、除去老皮，西芹洗净，切成片，胡萝卜切成片。

②把西芹、百合、胡萝卜片投入沸水中焯至断生（焯水可以使西芹颜色鲜艳、口感爽脆）。

③炒锅加油烧至七成热，投入西芹、百合、胡萝卜片，略炒。

④加盐、味精调味即可。

（10）芦笋

芦笋纤维柔软、细嫩，具有特殊的清香。鲜芦笋以鲜嫩整条、尖端紧实、无空心、不开裂、清洁卫生者为佳。适合炝、扒、烩等烹调方法。芦笋作主料时可以用于制作"白扒芦笋"、"炝芦笋"、"鲜蘑龙须"、"麻辣芦笋"、"鸡茸芦笋"等菜，亦可作辅料。

芦笋学名石刁柏，又称龙须菜等，原产于欧洲，现世界各地均有栽培，其中以美国和我国台湾省栽培最多，近年来在我国大陆的栽培量也逐渐增多。芦笋的根上有鳞芽，在春季地下茎上会抽生嫩茎，长12～16厘米，粗1.2～3.8厘米，白色，经软化后可供食用。芦笋在未出土前采收的幼茎呈白色，称为白芦笋，适宜加工成罐头；出土后见阳光变成绿色，称为绿芦笋，适宜鲜食。

芦笋含有丰富的维生素、叶酸、核酸、天冬氨酸、胱胺酸、硒等营养物质。近年来，现代医学研究证实芦笋对心血管、癌症等疾病有一定的防治作用，其营养价值越来越被人们重视。

刀工运用：

芦笋在烹调中刀工成形较少，一般是整条或切段使用。芦笋在烹调应用前，要先切去老根部分，刨去老皮。

①将芦笋刨去老皮。　②清洗干净。　③截切成段。　④芦笋粗茎部分可将其剖开。

丁：多用于炒。　　　　　　　　段：多用于炒。

片：多用于炒、拌。　　　　　　条：多用于扒和上汤煮。

菜品示例：鲜鲍芦

主料：芦笋500克，鲜鲍鱼150克

调料：蚝油30克，盐3克，料酒10毫升，黑胡椒粉2克，水淀粉10克，猪油30克，鸡油5毫升，味精2克，鸡汤、食用油适量。

烹饪过程：

①将芦笋切成6厘米长的段，放入汤盆内，上笼蒸熟后取出，排放在盘中。

②鲜鲍鱼打上花刀，放入温油锅内炒熟后取出。另起一热锅放入鲜鲍鱼、蚝油、猪油、料酒、鸡汤、盐、味精及黑胡椒粉，待烧开后用水淀粉勾薄芡，加入鸡油拌匀，排放在芦笋上面。

第六节 水产品

1.初加工

水产品种类繁多，形状质地各异，因此，其初加工的方法也不尽相同。综合起来，主要有刮鳞、去鳃、去内脏、褪砂、剥皮、宰杀、泡烫、择洗等。

（1）刮鳞

刮鳞要倒刮。有些鱼背鳍和尾鳍非常尖硬，应先去掉；有些鱼（如鲫鱼、鳓鱼）的鳞含有丰富的脂肪，味道鲜美，则不应刮掉。

（2）去鳃

去鳃时可用剪刀剪或用手挖。黄花鱼、大王鱼的鳃则要用筷子挑出；鲤鱼和鲫鱼的鳃要用刀挖出；鲨鱼的鳃很坚硬，须用剪刀剪。

（3）去内脏

多数采用剖腹的方法去内脏。有时，为保持体形完美，可将内脏从鱼嘴中取出。取淡水鱼内脏时不要弄破胆，防止鱼味变苦。去除内脏后要用清水冲洗污秽和血水，以保持鱼肉鲜美。

（4）褪砂

有些鱼类，主要是鲨鱼，需要褪砂，其处理过程是：开水烫、褪砂、去内脏、洗涤。

用开水烫时。根据鱼肉质老嫩程度，用不同温度的热水浸烫。鱼肉质老，水温可高些；鱼肉质嫩，水温可低些。不要长时间烫，避免烫破鱼皮。褪砂是用刀刮去砂，注意不要将砂粒嵌入肉内；去内脏是用刀开膛，取出内脏；洗涤是用清水将血水冲洗干净。

（5）剥皮

有些鱼的鱼皮很粗糙，颜色发黑，影响菜肴的质量，如比目鱼、塌板鱼等。其处理过程大体是：刮鳞、剥皮、去鳃、开膛、洗涤。先刮去不发黑的那一面的鳞片；然后在头部开一刀口，将皮剥掉；接着是剖腹取内脏，用清水冲净血水。

（6）泡烫

主要用于鳝鱼的初加工。加工方法有两种，一是生处理，二是熟处理。熟处理的过程是：烫煮、剔肉、洗涤、改刀。将活鳝鱼放入锅内，加入清水、盐、醋；盖严锅，将水烧开，待鱼张开嘴后倒入凉水冲洗；最后根据需要用刀剔下鱼肉，改刀备用。

（7）宰杀

需要宰杀处理的水产品，常见的有甲鱼。其加工过程是：宰杀、烫皮、开壳、去内脏、洗涤。将活甲鱼腹部朝上，待头伸出时用刀剁去。将宰杀后的甲鱼放入热水中烫一会儿，捞出，刮去外膜，沿裙边骨缝处用刀割开，将盖掀起，取出内脏，用清水洗净，然后根据需要改刀。

（8）择洗

一般软体水产品，大多采用择洗的方法处理，如墨鱼、八爪鱼等。以墨鱼为例：先将其头部拉出，剥去外皮、背骨，用手将鱼身拉成两片，洗净即可。

2.加工实例

（1）草鱼

草鱼又名鲩鱼，为鲤科鱼类，是四大家鱼之一，因生活在河水的中层，以水草为食，故名草鱼。草鱼分布于我国各大水系，长江、珠江水系是其主要产区。草鱼一年四季均产，以九、十月产的最好。

草鱼体形与青鱼相似，呈亚圆筒形，嘴部稍圆，无须，眼小，体色茶黄，背部深绿，头背较平，鳞片粗而发黑，肉色白、细嫩、有弹性。草鱼一般体重1～2千克，体大者长达1米，重达10千克。

草鱼含蛋白质17.9%，脂肪4.3%，还含有钙、磷、铁和尼克酸等。草鱼性温、味甘，有暖胃和中、平肝祛风的功效。

刀工运用：

草鱼小的可整条用，大的可切块，亦可剔肉加工成片、条、丁、丝、蓉等，还可用花刀加工。

①刮去鱼鳞。

②修整尾鳍，斩去臀鳍、背鳍。

③用刀挖去鱼鳃。

④剖开腹部。

⑤清除内脏。

⑥刮去鱼膛中的黑膜、淤血。

⑦将鱼头与鱼体连接处及鱼尾处切开，抽出腥线。

⑧用清水将鱼膛及体表清洗干净，沥净水分。

温馨提示

首先在鱼头连着鱼体的位置切一刀，然后用刀背把鱼身敲几下，稍微用一点儿力。再在尾部也切一刀，然后从刚才的刀口处取出那条白色的鱼腥线，注意一定要用手边拍边抽取腥线，这样腥线才能被完整地抽出来，不要抽得太急或者用力太大，否则会把腥线拽断。把鱼翻到另一面，再用同样的方法取出鱼腥线。

第四章 刀工应用

刀工技艺

菜品示例： 茄汁龙鱼

主料： 草鱼700克

调料： 胡萝卜、盐、味精、料酒、淀粉、葱姜汁、番茄酱、绵糖、白醋、食用油、香油各适量

烹饪过程：

①取下草鱼两面的鱼肉，以直刀切刀法在鱼肉上剞平行的刀纹，深度为鱼肉厚度的4/5。

②将鱼肉转90度，继续剞刀纹。

③花刀完成。

④用葱姜汁、料酒、盐、味精腌渍，拍上淀粉，卷成龙身，入油锅炸至呈金黄色后捞起并装盘，装上用胡萝卜刻成的龙头、龙尾，拼成龙形。

⑤炒锅置火上，加入香油、番茄酱、绵糖、白醋、盐、味精，用水淀粉勾芡，煮成茄汁浇在龙身上即可。

特点： 酥脆酸香。

（2）鲤鱼

鲤鱼体长，侧稍扁，腹部较圆，头后背部稍有隆起，鳞大而圆、较紧实。口下位有吻须及颔须各一对，颔须的长为吻须的两倍。背鳍和臀鳍均较硬，尾鳍叉形，体背灰黑或黄褐色，体侧黄色，腹部灰白色。但其体色常随栖息水域的颜色不同而不同。

鲤鱼味甘、性平，有利水消肿、下气通乳、开胃健脾、清热解毒、止咳平喘等功效。鲤鱼营养丰富，其蛋白质含量随季节变化而有所不同，夏季蛋白质含量最丰富，故有"春鳜夏鲤"之说。到了冬季，其体内蛋白质和部分氨基酸的含量均有所降低。有肝昏迷倾向者及尿毒症患者应忌食鲤鱼。

刀工运用：

鲤鱼往往整条使用，也可切成块、条、片等，可以不刮鳞。

①将去鳞的鲤鱼洗净，用剪刀破开肚。

②剪去鱼鳃。

③掏出内脏。

④在肚里塞入毛巾，使鱼腹鼓起。

⑤在鱼身中部处下刀，以平刀片刀法向鱼头部推进。

⑥如图所示运刀直至鱼头部（根部不断）。

⑦接着继续片第二片鱼肉。

⑧依此法将两边的鱼肉片完。

⑨用剪刀将鱼肉剪成丝。

⑩取出毛巾，同时将鱼肉丝抖散。

⑪将鱼肉丝挂上蛋液，拍上淀粉待炸。

菜品示例：金毛狮子鱼

金毛狮子鱼，制法始于民国初期，因成菜色泽金黄，形似狮子而得名。

主料： 鲤鱼700克

调料： 盐、味精、料酒、淀粉、葱姜汁、番茄酱、糖、白醋、食用油、香油、蛋液各适量

烹饪过程：

①将鲤鱼洗净，从下嘴唇劈开；掰开鳃盖，将鱼身两面上下交叉劈成薄刀片，每片根端均与鱼身相连，再用剪刀剪成细丝；然后将鱼丝挂上蛋液，拍上淀粉。

②锅内加油烧热，用双手提起鱼放入油锅，要边炸边抖动，使细丝散开，呈金黄色时捞出，然后调汁浇于鱼上，就成了这道色泽金黄、鱼丝蓬松、形似雄狮髭毛、酸甜可口的金毛狮子鱼。

特点： 酸甜可口，鲜嫩香醇，色泽金黄，外焦里嫩。

（3）鲫鱼

鲫鱼又叫鲋鱼、鲫瓜子，为鲤科鱼类，肉质随季节变化而有所不同，以2～4月、8～12月最肥。

鲫鱼体宽扁，形长圆，嘴稍尖，无须，体色墨灰，腹部微黄，背部突起呈弓形，背鳍和臀鳍具有硬刺。鲫鱼含蛋白质13%～19.5%，脂肪1.1%～3.4%，并含有磷、钙及其他矿物质和维生素。鲫鱼性味甘，有健脾利湿、清热解毒、通络下乳的功效。其鱼肉含有很多水溶性蛋白质和蛋白酶，鱼油中含有大量维生素A，这些物质均可改善心血管功能，降低血液黏稠度，促进血液循环。

刀工运用：

鲫鱼可整条应用，亦可切块，剔肉加工成片、条、丁、丝、蓉等，还可用花刀加工。

①左手按住鲫鱼的尾部，右手用刀将其拍昏。

②右手握刷从尾部向头部刮去鱼鳞。

③挖出鱼鳃。

④用刀或剪刀从肛门至胸鳍将腹部剖开。

⑤挖出内脏。

⑥用水边冲边洗，用刀将腹内黑衣刮去，洗净即可。

鲫鱼靠鳃部有一块铁鳞，腥气较大，应去掉。另外，鲫鱼不宜与麦冬、沙参同用，不宜与芥菜同食。

菜品示例：奶汤鲫鱼

主料： 鱼丸30克，鲫鱼150克，生姜和蒜苗各10克

调料： 食用油20毫升，盐5克，味精6克，料酒10毫升，香油2毫升，糖2克，黑胡椒粉、清汤各适量

烹饪过程：

(1)将鲫鱼清洗干净，生姜去皮、切丝，蒜苗切段。

(2)油热后放入鲫鱼，用小火煎至两面金黄，加入姜丝，注入料酒、清汤，用中火煮。

(3)待煮至汤色变白，放入鱼丸、蒜苗，调入盐、味精、糖、黑胡椒粉煮透，淋上香油，装盘即可。

特点： 酸甜可口，鲜嫩香醇。

（4）三文鱼

　　三文鱼也叫大马哈鱼，学名鲑鱼，是世界名贵鱼类之一，是高档水产消费品，由它制成的鱼肝油更是营养佳品。"三文"是英文salmon的音译，三文鱼是一种生长在加拿大、挪威、日本和美国等高纬度地区水域的冷水鱼类，挪威三文鱼主要为大西洋鲑，芬兰三文鱼主要是养殖的大规格红肉虹鳟，美国的三文鱼主要是阿拉斯加鲑鱼。

　　三文鱼体形较大，喜栖冷水中，目前已经成为世界水产品中贸易量最大的一个群体。野生的鲑鱼资源有限，远远不能满足世界市场的需求，由此在世界范围内形成鲑鱼的养殖热潮。我国早期进口的三文鱼多来自北欧，主要是挪威，因此有人习惯称其为挪威三文鱼。近年中国内地正在进行银鲑、王鲑和大西洋鲑及虹鳟海水养殖的规模化生产。预计，我国自行养殖的鲜度高、价廉物美的三文鱼不久将会占领中国内地的主要消费市场。

　　三文鱼鳞小刺少，肉色橘红，肉质细嫩鲜美，是深受人们喜爱的鱼类。选购三文鱼时，以色泽鲜亮有光泽、鱼肉网纹整齐、肉质轻按下有弹性者为佳。

　　三文鱼含有丰富的不饱和脂肪酸，能有效降低血脂和胆固醇，防治心血管疾病。其所含的脂肪酸更是脑部、视网膜及神经系统必不可少的物质，有增强脑功能、防治老年痴呆和预防视力减退的功效。在三文鱼所制成的鱼肝油中，脂肪酸的含量更高。三文鱼能有效地预防诸如糖尿病等慢性疾病的发生，具有很高的营养价值，享有"水中珍品"的美誉。

　　选购三文鱼时要保持干净、冷藏和小心搬运。新鲜的三文鱼应在0℃左右的温度下冷藏。新鲜的三文鱼最多可以冷藏两天。当你准备食用三文鱼时，最好当天购买。冷藏时将三文鱼轻轻地在冰水中简单冲洗，轻轻拍干，然后用塑料袋包紧。如果购买的是冷冻品，需在零下18℃的恒温中保存。对于已部分化冻的三文鱼不要再次冷冻。

✓ 双手平托，保证肉质结实。

✗ 手提鱼尾搬运，容易使鱼肉松散。

刀工运用：

三文鱼在食用前，要先做分档处理。

①刮去鱼鳞，切去背鳍、腹鳍和胸鳍。

②沿鳃盖进刀，用力按压，一口气切去鱼头。

③剖腹，沿中骨由腹侧剖开。

④由去头的刀口进刀，剖开背侧，切成两片。

⑤带中骨的下半片肉，将中骨朝下放置，在背侧和腹侧用刀切入，由尾根部进刀，沿中骨而上，一口气切下鱼肉，切成三片。

⑥用镊子夹去肌间刺。

⑦用平刀去皮取鱼肉。

⑧将三文鱼肉分切成大块。

⑨如下图所示用保鲜膜包好，放入保鲜柜。

⑩用时取出切片即可。

三文鱼各部位鱼肉的烹饪方法：

①鱼柳中段、腹部、背部：适合做刺身。

②鱼柳尾部：因为鱼行进靠尾巴，所以这部分肉很结实，适合炒或做汤。

③鱼柳前段：饱合脂肪酸含量高，适合煎、烤、炸。

④鱼头：适合做汤、蒸、煲。

⑤鱼骨、鱼皮：鱼皮适合做炸菜，而鱼骨则适合做炸熘菜。

菜品示例：三文鱼刺身

主料： 鲜三文鱼柳250克，白萝卜和黄瓜各适量，柠檬篮1个

调料： 绿芥末酱、日本万字酱油(或美极酱油)各适量

烹饪过程：

①将白萝卜切成细丝后摆入盘中一侧，将黄瓜切成1厘米厚的块备用。

②将三文鱼柳切成4件厚片，放在冰块上，放入盘中。

③再切一些鱼柳薄片，摆成花形。

④将黄瓜放入盘中，把绿芥末酱做成锥形，放在柠檬篮内。

⑤上桌时配一碟酱油，放入适量绿芥末，蘸食。

特点： 色彩鲜艳、开窍通气、鲜嫩爽口。

温馨提示

制作刺身要注意的事项：

①保持绝对的个人和环境卫生。

②切的片以每500克切10片为标准。

③鱼要保鲜，不能冷冻。

④柠檬很重要，可以调节口味。

⑤尽量用水果和蔬菜来搭配刺身的制作，这样色彩和口感都很到位。

⑥制作三文鱼刺身，新鲜是保证品质的关键，所以分解后的三文鱼，不宜长久存放。

（5）马面鱼

马面鱼又名羊鱼、沙猛、剥皮牛、剥皮鱼、孜孜鱼，分布于太平洋西部。它在我国南海产量较多，主要渔场在北部湾和海南岛以东的陆架区。渔期从12月中旬至翌年4月，其中海南岛东南部海区为12月中旬至翌年3月，珠江口近海为3～4月。

马面鱼，体长椭圆形，侧扁，一般体长19～21厘米，重500克左右；背鳍两个，分离。第一背鳍的第一鳍棘很粗大，为头长的1.3～1.6倍。第二背鳍鳍棘很短小，藏于背部凹沟内。臀鳍与第二背鳍近似。胸鳍侧立，小刀状。左右腹鳍退化，只剩下一个短棘不能活动。尾柄细，尾鳍圆形。头、体全部被小鳞覆盖，并有细短绒状小刺，小刺大都排成横纹状。

马面鱼肉质比较紧实，纤维较长，口感比较鲜。因为这种鱼大多"上水即死"，不太好养，所以市面上很少能买到新鲜的。马面鱼形状丑陋，但却浑身是宝。经过"三去"（去头、去皮、去内脏）的马面鱼可食部分，占全身重量的46.5%～46.8%，可制作多种佳肴，如"滑炒马面鱼"、"松鼠马面鱼"、"马面鱼丸"等，煎封或是用普宁豆酱煮是其常见的做法，用它制作刺身也十分美味。

据测定，马面鱼的蛋白质含量为16.1%～17.7%，与大黄鱼相近。马面鱼可治疗胃病、乳腺炎、消化道出血等症。

刀工运用：

马面鱼可原条蒸、煎，也可斩件烧、焖。

①斩去马面鱼的背鳍和胸鳍。

②用刀将马面鱼顺着背鳍切一个刀口。

③从刀口处扯下鱼皮，将其剥离。

④弃去鱼皮。　　　　　　⑤用刀顺着嘴下方破一刀。　　⑥将鱼鳃挖出。

⑦从鳃下进刀将腹部剖开。　　⑧去掉内脏后洗净。　　　　⑨剞上花刀。

菜品示例： 干煎马面鱼

主料： 马面鱼500克，柠檬汁适量

配料： 盐750克，食用油200毫升，料酒20毫升，生姜片50克，小葱50克

烹饪过程：

①把马面鱼宰杀干净并剥皮洗净。

②用盐腌味，要用盐把马面鱼整个盖起来。

③约5小时后取出并洗净，加料酒、生姜片、小葱装盘，进蒸箱蒸约10分钟至熟透后取出。

④晾凉后放入平底锅内煎至两面呈金黄色时起锅，配上柠檬汁上桌即可。

特点： 外酥里嫩，香味浓厚。

 温馨提示

　　煎马面鱼时要掌握好油温，以防粘锅烧焦。

（6）龙虾

龙虾是名贵的海产品，种类繁多，我国主产
地为东南沿海，其他沿海国家也有出产。中国龙虾的
品种主要有青龙虾（青龙）、锦绣龙虾（锦龙）、珍珠龙虾
（珠龙）、海南岛龙虾（函龙）、黑白纹龙虾（杉龙）。国外龙虾
有两种：一是有大螯足的那种，属于海螯虾科；另一种如同中国龙虾
一样，属于龙虾科。前者以波士顿产为代表，后者又按产地不同，
分为新西兰龙虾、澳洲龙虾、美洲龙虾等。中国龙虾暗褐色且带紫
色，外形美观，其中锦绣龙虾色泽绮丽。

龙虾属爬行虾类，体粗壮，圆形而略扁平，长约30厘米。龙
虾分头胸甲和腹部两大部分，头胸甲呈圆筒形，披有无数大小不
等的空心硬棘，两眼向前突出，有两对触角。龙虾体重一般在
500克左右，大的有3000～5000克重。龙虾具有变色特点，其体
色能随着环境的不同而变化，鲜活时色泽绚丽。

龙虾体大肉多，滋味相当鲜美，是名贵的海产品。其适用
于炒、炸、烹、炸熘等多种烹调方法，可制成"生菜龙虾"、"上汤龙虾"、"龙虾
刺身"等菜肴。

刀工运用：

具体参见第99页龙虾的处理方法。

刺身起肉的操作方法：

①手拿抹布捏住龙虾头部。

②取一根竹筷或钢针，从龙虾肛门准确插入，放尽尿水、血液。

③用两手转动龙虾头部和身体使其分离。

④用刀斩去腹部两侧的副脚。

⑤刀口沿着龙虾腹部两侧边缘切开。

⑥将龙虾背部朝下放在菜墩上，一手拉腹部的外壳，一手按住肌肉组织，以防肌肉组织不完整，小心地将龙虾肉脱离龙虾壳。

⑦去掉腹部外壳的龙虾筋。

⑧片去附在龙虾肉上的筋膜。

⑨将龙虾肉用清水洗净，龙虾肉不可长时间浸泡在水中。

⑩用干毛巾将龙虾肉上的水分吸干。

⑪取出一块背脊肉。

⑫用刀将两块腹部肌肉群分切成若干块。

⑬将分切的肌肉再片成薄片，贴在食用冰上即可。

菜品示例：珍珠龙虾丸

主料： 鲜活龙虾、湖蟹、油菜心各适量

调料： 姜、葱、料酒、盐、味精、黑胡椒粉、高汤、淀粉、鸡蛋清、食用油各适量

烹饪过程：

①将湖蟹上笼蒸熟后，剔出蟹肉并拌上适量调料入味，制成馅料待用。

②将龙虾取出虾肉，将其头、尾蒸熟，摆入盘中。

③将龙虾肉漂净血水，剁成虾泥，用姜、葱、料酒、盐、味精、黑胡椒粉、鸡蛋清拌均匀，然后搅打上劲，捏成丸子。

④取炒锅一只，盛满水，煮沸；将蟹肉藏于虾丸中，投入沸水中煮熟。

⑤再将虾丸过油烹调，烹入高汤及适量调料，勾芡后装入盘中，加灼熟的油菜心、龙虾头、尾摆成龙虾状即可。

特点： 虾丸洁白细嫩，内有蟹肉，风味独特，鲜美无比。

（7）象拔蚌

象拔蚌又称象鼻蚌，原产自北美洲，是一种深水蚌，它生活于海底沙滩中，捕捉时，先用压缩机把海底沙粒吹开，再捉取。每只重1000～2000克，因其外形不像一般河蚌，而是伸出长长的嘴巴，如象鼻，故得名象拔蚌。它是世界上存活最久的动物之一，许多个体可以存活100年以上。

目前常见的象拔蚌分为以下几种。

北海道象拔蚌：体长约10厘米，肉呈白色，口感幼嫩，最适合做刺身。北海道象拔蚌的肉非常白，不似其他的带有微黄色，不需烹调就可以用来做刺身，口感一点也不韧。

汕头迷你象拔蚌：迷你象拔蚌体长3～4厘米，生长于汕头沿海海域，肉呈微黄色并带有粉红色斑点，口感爽脆。由于它不是生长在浅海，不宜生食，但煮时只要时间控制得好，口感一流。

加拿大象拔蚌：多为人工饲养，体长15～20厘米，肉呈微黄色，一般比较厚实，灼太久会变得太韧，不宜生食。

象拔蚌肉质鲜嫩爽脆，生吃一定要用鲜货。其外观有白红色、白黄色、浅黑色等几种，味道、口感并无不同。颜色不同是因为产地、环境不同，有些人见到象拔蚌肉色微黑，便以为质量欠佳，其实这是不对的。

象拔蚌一般多用来做刺身，也可用于白灼、油泡等食法，都须断生即吃，否则老韧难嚼。象拔蚌已成为日本寿司和生鱼片的主料。多数中国海鲜餐馆现在也向顾客供应象拔蚌生食或熟食：将象拔蚌颈肉和体肉切成纸一样的薄片，配芥末酱，用酱油浸泡后食用；也可在一侧放上沸腾的清汤"火锅"，方便那些喜欢烫着吃的顾客。象拔蚌片同时也是一种可口的滚粥材料。

刀工技艺

刀工运用:

①取鲜活象拔蚌,放入沸水锅中烫一下,用沸水烫的时间不能太长,至能剥去外衣即可,否则肉质变硬。

②取出,去掉外壳。

③剥去蚌身的外衣。

④去掉胃。

⑤去掉内脏。

⑥将刀放在象拔蚌虹管底部壳和身体之间,沿着壳的边切开,再用清水洗净中间杂物。

刺身的做法:

①将虹管拉开。　②洗净。

③片去胆肉部分(可做另用)。　④修整、片去边料。

⑦依次码在器皿上。

⑤将虹管切成薄片。　⑥轻轻拍成瓦楞形。

144

菜品示例：象拔蚌刺身

主料： 象拔蚌1只（重约1000克），柠檬、萝卜丝各适量

调料： 绿芥末、生抽各适量

烹饪过程：

①象拔蚌去壳，放入开水中略烫，去除表皮，用刀片成两片，去除污渍，用水清洗干净。

②取刺身专用器皿，垫冰，摆上切好的柠檬片和萝卜丝，做好装饰。

③将冲洗干净的象拔蚌依次码在器皿上，食用时蘸绿芥末、生抽即可。

特点： 鲜嫩，有弹性。

菜品示例：西芹爆蚌胆肉

主料： 蚌胆1副（做象拔蚌刺身后留下的部分），西芹200克

调料： XO酱、盐、味精等各适量

烹饪过程：

①将蚌胆洗净，切成片。

②将西芹去皮，切成段。

③将蚌胆片与西芹段一同放入锅中，以大火爆炒的方法，下XO酱、盐、味精炒熟即可。

第七节 肉

1.初加工

　　家畜的肉类原料一般都是经屠宰场宰杀后供应。因此，它的初加工主要在于洗涤、整理，一般较易洗涤干净。家畜的内脏、头、蹄等异味重、污物多，较难清洗。本书介绍内脏、头、蹄等的初加工，这是切配菜肴和烹调的基础，也是烹制前的一项重要的操作程序。

（1）初加工要点

　　①迅速处理。

　　家畜内脏中污物较多，适宜细菌孳生，故内脏容易变质，必须及时进行清洗、加工，以保证内脏的质量与卫生。

　　②洗涤干净。

　　家畜内脏污秽而油腻，如果不清洗干净，根本不能食用。特别是肠、肚，一定要翻过来将里面的污秽及黏液清洗干净。

　　③除去异味。

　　在初加工中还必须将家畜内脏中的腥臊异味洗去，否则会影响菜肴的口味和质量。一般用明矾、盐、醋等物进行搓洗，去掉原料中的黏液及异味，然后用清水洗干净。

（2）初加工的方法

　　①翻洗法。

　　翻洗法是将原料里外翻洗，主要用于肠、肚等内脏的清洗。这些内脏十分污秽、油腻，如果不把里层翻过来洗，就无法洗干净。其加工要求为除去油污、黏液、异味等，必要时还可以用刀或剪刀除去内壁附着的污物。

②搓洗法。

搓洗法主要用于除去内脏的油腻、黏液和异味。如肠、肚经翻洗后，使用盐、明矾、醋等物用手反复搓擦，再进行洗涤，这样才能把油腻、黏液和异味除去。

③烫洗法。

把初步洗涤过的原料放入沸水锅中烫一次，以除去黏液及白膜。这种方法主要适用于腥臊气味较重或有白膜的原料。烫洗的方法是先将水烧开，将原料下锅，稍烫，当白膜变色时捞出，然后用刮刀刮去白膜，洗去黏液，用清水洗净。如清洗肚、舌等均要用此法。

④刮洗法。

用刀刮去原料外皮的污秽或硬毛。如头、蹄、尾上的余毛和污垢，一般采用火燎、水烫和拔除的办法去毛，再用刀刮除污垢。清洗猪舌和牛舌一般采用在水中将舌加热至表层发白时捞出，用小刀刮去其表层，再进行洗涤的方法。

⑤冲洗法。

这种方法主要适用肺、肠等原料。

其加工要求为利用水的冲灌清除原料中的血污、异味。如洗肺时，应将肺管套在自来水管的出口上，灌水入内，使肺叶扩大、大小血管充水后，再将水倒掉。如此反复冲灌几次，直至肺的颜色变成白色，再划破肺的外部，清洗干净。

⑥漂洗法。

这种方法主要适用脑、脊髓、蹄筋等原料。这些原料较嫩，用其他方法洗易破，一般是将原料置于清水中，用小刀或竹片轻轻剔除血衣或血筋，再用清水漂洗干净。至于心、肝、腰等外表附着的污物，用清水稍加漂洗即可除去。

刀工技艺

2.加工实例

（1）乳猪

　　顾名思义，乳猪就是未成年的猪崽，在烹饪中专指育龄在2~6周内，仍未断奶的猪崽。我国在西周时便已有食用的烧猪。在西方，古罗马的传统菜谱中亦有烧猪一项。现今的中国菜中以粤菜的烧乳猪最为流行。而在西方国家中，葡萄牙及西班牙俱以烧乳猪为特色菜。

　　在广东传统习俗中，烧猪或烧乳猪是喜庆场合的常用祭品。新店开张或是清明祭祖都常抬出整只烧猪或烧乳猪作为祭祀用品。从前的乳猪都被烧成有赤亮的光皮，口感脆而硬；现在的烧味师傅大多采纳了港式做法，出品麻皮烧乳猪，松化可口，更受消费者欢迎。在广东或香港的婚宴中，烧乳猪是必备菜色。按广东传统的婚礼习惯，新娘出嫁后三天返回娘家探望，称之为"回门"。倘若新娘出嫁时仍是处女，回门时男方会以乳猪或烧猪作回礼。如今的婚宴已不会再传递这种意思，但乳猪仍然被保留在婚宴中，并且变成了菜式中的主角。

刀工运用：

　　乳猪的烧制方法有明炉烧烤与挂炉烧烤两种。不管哪种方法，首先都需要把乳猪开膛。

　　①猪头向己，皮朝下，用左手握紧猪前肘，右手用刀切开猪下巴。

　　②用刀剖开猪头骨、颈骨。

　　③掰开猪头。

　　④取出猪脑。

　　⑤撕下板油。

　　⑥在锁骨上横切几刀以利快熟。

　　⑦剖开整条脊骨。

　　⑧起出骨髓。

　　⑨横向一刀，砍在颈骨与脊骨交合处。

　　⑩剔除前几根脊肋骨。

　　⑪运用刀尾和刀尖剖开排骨与肉的交合处。

　　⑫找出扇骨与猪手榥骨的交合处，在此落刀，起出扇骨及猪手榥骨。用同一方法将另一部分处理好即可。

菜品示例：烤乳猪

主料： 乳猪一只（3000克）

调料： 精盐200克，白糖100克，八角粉5克，五香粉10克，南乳25克，芝麻酱25克，白糖50克，蒜5克，生粉25克，汾酒7克，植物油、糖水各适量

烹饪过程：

①将净光乳猪从腹部劈开，使猪身呈平板状，然后斩断第三、四条肋骨，取出这个部位的全部排骨和两边扇骨，挖出猪脑，在两旁牙关各斩一刀。

②取八角粉、五香粉均匀涂抹猪内腔，腌30分钟后用铁钩将乳猪挂起，滴干水分后取下；将除八角粉、五香粉、植物油及糖水外的全部调料拌匀，均匀涂抹猪内腔，腌20分钟后将乳猪叉上，用沸水遍淋猪身使皮绷紧、肉变硬。

③将烫好的猪体头朝上放，用排笔刷上糖水，用木条在内腔撑起猪身，前后腿也各用一条木条横撑开，扎好猪手。

④点燃炭火，拨作前后两堆，将猪头和臀部烤成嫣红色后用针扎眼排气，然后将猪身刷遍植物油，将炭火拨成长条形，通烤猪身，同时转动叉位使火候均匀，至猪通身呈大红色即成。上席时一般用红绸盖之，厨师当众揭开片皮。

特点： 色泽红润，光滑如镜，皮脆肉嫩，香而不腻。

（2）猪瘦肉

猪瘦肉是比较广义的称法，包括夹心肉、里脊、通脊、臀肉、坐臂、元宝肉及猪其他部位的瘦肉部分。猪瘦肉是中式烹饪中运用最广泛、最充分的原料之一，既可作菜肴的主料，又可作菜肴的辅料，还是面点中馅心的重要原料之一。

刀工运用：

肉丝切法

①先把整块肉切成小块。 ②再把小块的肉片成薄片。 ③再顺着肉纹切成长短一致、粗细均匀的肉丝。

肉片切法

切肉片时要横着肉纹切。这样，原来顺向排列的肌纤维均被切断。烹调时，肌丝遇热收缩，使肉片向着一个方向卷曲。由于肌肉的纤维被切成小段，肉片易于咀嚼，口感好，也利于消化和吸收。

丁：规格为1.2厘米×1.2厘米×1.2厘米，适用于滑炒、爆、溜等烹调方法，烹制"酱爆肉丁"、"炒龙凤丁"等。

块：规格为4厘米×2.5厘米×1.2厘米，适用于烧、焖、炖等烹调方法，烹制"红焖瘦肉"、"炖肉"等。

蓉：适用于滑炒、煎、炸、蒸等烹调方法，做肉饼和肉丸。

末：规格为0.2厘米×0.2厘米×0.2厘米，适用于滑炒、煎、炸、蒸等烹调方法，烹制"生煸肉末"等。

菜品示例： 香橙猪扒

主料： 猪里脊肉500克（切成四大片），橙子1个

调料： 蜂蜜1小匙，姜末、酱油、盐、鸡精、糖、胡椒粉、芝麻油、料酒、生粉、食用油各适量

烹饪过程：

①将切好的猪扒抹干表面水分，用刀背稍微拍松，加入姜末、酱油、盐、鸡精、糖、胡椒粉、芝麻油、料酒、生粉腌制20分钟。

②橙子剥皮，将皮切成丝并用开水泡5分钟，一半果肉榨汁，一半果肉切丁，备用。

③平底锅里放油（比平时做菜要多放一点），将腌好的猪扒放入锅里煎至两面呈金黄色后盛出，摆入盘中。

④锅里放少许油，倒入橙汁、橙皮丝、橙肉、蜂蜜、酱油翻炒片刻，用1匙生粉兑40毫升水倒入锅里勾出薄芡，将芡汁浇在猪扒上即可。

特点： 猪扒嫩香、橙味浓。

（3）五花肉

五花肉又称软五花、软肋、腰牌、肋条等。主要指五花肋条肉，有时也包括奶脯肉和猪颈肉，肉一层肥一层瘦，共有五层（肥三层、瘦两层），故得名。五花肉的结构是一层瘦肉一层肥肉间隔，而它的肥肉遇热容易化，瘦肉久煮也不柴，做红烧肉或扣肉都非它莫属。传说中的极品五花肉是 10 层。

刀工运用：

五花肉在烹饪应用时，分带皮和去皮两种，像"扣肉"、"千张肉"、"东坡肉"等都需要带肉皮，而"咕噜肉"、"蒸肉饼"等则需先去皮。

五花肉在刀工成形时，可生切，但"回锅肉"、"梅干菜扣肉"等菜肴中的五花肉，一般都要加工熟后再切，便于造型和入味。

五花肉适于多种刀法，可加工成片、块、丁、蓉等。

片：应用最广泛，可用于烹制"粉蒸肉"、"回锅肉"、"白肉片"、"扣肉"等众多菜肴，其具体规格因菜肴的不同而有厚薄大小之分，"回锅肉"、"白肉片"、"扣肉"要切厚点，"粉蒸肉"要切薄点。

块：规格为 4 厘米 ×2.5 厘米 ×1.2 厘米，适用于烧、焖、炖等烹调方法，烹制"咕噜肉"、"炖肉"、"笋焖五花肉"等。

丁：规格为 1.2 厘米 ×1.2 厘米 ×1.2 厘米，适用于烧、爆等烹调方法，如"肉烧土豆丁"、"酱爆肉丁"等。

蓉：用于滑炒、煎、炸、蒸等烹调方法，做"蒸肉饼"和"肉丸"、"狮子头"等。

（4）排骨、猪骨头

排骨是脊排骨和肋排骨的统称。脊排骨又称脊排、大排骨，即猪的脊椎骨，去除瘦肉后习惯称之为龙骨；肋排骨又称肋排、小排骨，即猪的胸骨、肋骨部分。

猪骨头则包括龙骨、扇骨、筒骨等猪身上的一切骨头。筒骨就是中间有洞，可以容纳骨髓的大骨头，又叫棒骨、大骨。扇骨即猪的肩胛骨，形状扁平犹如扇子。

刀工运用：

①将猪签子排骨从正肋骨之间的肉缝处划开。

②斩成长段，修去两端的肉，使其露出骨头，放入钵中。

块：适用于炸、炖、烧、蒸、焖等多种烹调方法，烹制"清炖排骨"、"烧大排"、"糖醋排骨"等。

段：适用于炸、烧、卤、焖等烹调方法，烹制"橙法排骨"、"椒盐排骨"、"红烧排骨"等。

佛手形：五条肋骨相连，形如佛手，适用于炸、卤、烧、焖等烹调方法，烹制"孜然佛手骨"、"蒜香佛手骨"等。

菜品示例：红烧排骨

主料： 排骨适量

调料： 姜、葱、香料（八角、茴香、山奈、桂皮、草果、丁香、香叶）、花椒、盐、味精、白糖、料酒、酱油（老抽）、食用油各适量

烹饪过程：

①将排骨斩成 4 厘米的段，放入沸水中，除去血水后捞起，洗净待用；姜切片，葱洗净、去头，拴成一个结（3 根左右）。

②锅内倒油，油冷时放入白糖，用小火慢慢把糖炒化。待糖水开始变棕红色，且开始冒棕红色的泡沫时，马上把排骨倒入锅中炒匀。

③放入姜片、花椒、香料，炒出香味后倒入少许料酒和酱油上色，加入清水、盐和葱结，大火烧开后转小火慢慢烧至排骨糯软，然后拣去锅里的葱和大块的香料，用大火收汁，待汤汁变浓时，加入味精，起锅即成。

特点： 浓香、鲜美，色泽油亮。

（5）猪皮

猪皮是一种蛋白质含量很高的肉制品原料，蛋白质含量高达 26.4%，其中胶原蛋白含量为 87.8%，远远高于猪瘦肉。以猪皮为原料加工成的五香肘子、皮花肉、皮冻、火腿等肉制品，不但韧性好，色、香、味、口感俱佳，而且对人的皮肤、筋腱、骨骼、毛发都有重要的保健作用。所以，近年来以猪皮为原料的食品发展很快，人们对猪皮的需求量也越来越大。

刀工运用：

①选料：选用检疫合格的健康猪，不得采用种用公、母猪及患有皮肤病的猪。

②烫毛与刮毛：通常采用烫池浸烫后再进行煺毛的方法。烫池的水温以 48℃～60℃为宜，浸烫时间为 5～7 分钟。屠体泡烫后迅速进行刮毛，刮毛力求干净。

③剥皮：剥皮前将屠体表面清洗干净，剥皮时避免损伤皮张。

④猪皮的保存：在零下 18℃条件下保存，保存期可达 10 个月。

菜品示例： 水晶猪皮冻

主料： 猪皮、黄瓜、五彩丝各适量

调料： 盐、酸辣汁各适量

烹饪过程：

①将猪皮上的毛去掉，放入锅内略煮后捞起，去除皮内的油渍。

②将猪皮切成丝，放入水中，加盐调味，煮至汤发白，皮溶时倒出，用细漏勺沥去猪皮，放冷即成皮冻。

③黄瓜切成长形片，皮冻切成条，一起放入盘中，再撒入五彩丝、浇上酸辣汁即可。

特点： 皮性凉，味甘，有滋阴润肤等功效，可润肤防皱、祛斑美容。适用于皮肤干燥、粗糙、皱纹早现、色素沉着、黄褐斑、黑斑症等。

（6）猪肝

猪肝为猪科动物的肝脏，洗净、煮熟后可食用。

猪肝可分为黄沙肝、油肝、血肝。黄沙肝：肝身柔软带微黄；油肝：（绵肝）肝身特柔软，带光泽；血肝：全身充血，常有血水渗出，颜色带微蓝，有腥味。

· 刀工运用：

据测定，猪肝中残存着不少有毒血液，若不经长时间地认真反复冲洗，对人体健康是不利的。所以买回的鲜肝不要急于烹调，应把肝放在自来水龙头下冲洗 10 分钟，然后放在水中浸泡 30 分钟。在对肝进行加工时特别注意要去掉右内叶脏面上的胆囊（俗称苦胆），但不要弄破。猪肝在烹调中刀工成形一般多为片状。

① 修去长边。
② 在一头切一刀。
③ 用小刀在刀口处插入，切一道口子。
④ 挤入黄酒。
⑤ 用竹签封口，卤制。

菜品示例：凤眼猪肝

主料：猪肝、红心鸭蛋各适量

调料：卤水、酸辣汁、蒜泥汁各适量

烹饪过程：

①将猪肝洗净，在猪肝的中间部分用小刀割一小口。

②将红心鸭蛋酿入肝肉中，再用竹签封住入口。

③将加工好的猪肝放入水中略煮，然后放入卤水中用小火卤熟，放凉后切片上桌，配酸辣汁、蒜泥汁食用。

特点：肝香浓郁，黑白相间，因形似凤眼故取名为凤眼肝。

（7）猪腰

猪腰含有锌、铁、铜、磷、B族维生素、维生素C、蛋白质、脂肪等，是含锌量较高的食品。中医认为，猪肾味咸，有养阴补肾之功效。《本草纲目》指出："肾有虚热者宜食之；若肾有虚寒者，非所宜矣。"

猪腰的初加工方法大致如下：

①将猪腰平放在菜墩上，用手撕去猪腰外部的筋膜。　②从猪腰的凸部下刀，将猪腰片为两片。　③用片的方法除净肾髓。

刀工运用：

多十字花刀

① 用直刀剞的方法在猪腰表面剞出一条条平行的直刀纹。

② 将猪腰转90度，仍用直刀剞的方法，剞出一条条与直刀纹呈垂直相交的平行直刀纹。

③ 猪腰表面呈十字刀纹，其间距一般为0.2～0.5厘米。

荔枝形花刀

① 用直刀剞的方法在猪腰内侧剞出花纹。

② 将原料转一角度，仍用直刀剞的方法，剞出与第一次刀纹呈45度角相交的花纹。

③ 将猪腰改刀成边长约为3厘米的等边三角形块或边长为2厘米的菱形块，加热后卷曲成荔枝形。

麻花形花刀

① 将猪腰修成长 4.5 厘米、宽 2 厘米、厚 0.3 厘米的片，在中间顺着长边划开约 3.2 厘米的口。

② 在中间缝口的两边各划一道约 2.8 厘米的口。

③ 用手抓住猪腰两端，并将一端从中间缝口穿过，即成麻花形。

鱼鳃形花刀

① 用直刀剖的方法在猪腰表面剖出一条条平行的刀纹，深度为原料的 2/3，刀距为 0.2~0.3 厘米。

② 将猪腰转一角度，用拉刀剖一刀与直刀纹垂直而平行的斜刀纹。

③ 第二刀片断连刀片，加热后成鱼鳃形。

菜品示例：核桃炒腰花

主料： 猪腰1对（约150克），核桃仁50克

调料： 湿淀粉50克，精盐3克，黄酒5毫升，姜末5克，葱花50克，胡椒粉1克，味精2克，酱油5毫升，色拉油800毫升（约耗50毫升），醋适量

烹饪过程：

①将猪腰剖开，片去腰髓，剖花刀后切块，加醋稍腌，洗净，再加精盐、湿淀粉上浆。

②核桃仁切成小块，用油炸熟；将猪腰放入热油中，过油后捞出。

③锅中留少许油，下姜末煸香，加酱油、味精、黄酒，用湿淀粉勾芡，倒入腰花、核桃仁，撒上葱花、胡椒粉，炒匀即可。

提示： 此菜胆固醇含量偏高，中老年人不宜食之过多。

（8）猪蹄

猪蹄就是猪脚、猪手、猪肘子、蹄髈的泛称。猪脚、猪手通常指猪腿的中关节以下的部位，前蹄是猪手，后蹄是猪脚，实际上将它们切成块再煮烂后没什么区别。猪肘子通常指猪腿踝关节以上的骨头上的肉，可分为前肘和后肘。前肘也称为"前蹄髈"，在猪前腿膝盖上部与夹心肉的下方。后肘也称为"后蹄髈"、"豚蹄"，位于猪后腿膝盖上面和坐臀肉、抹裆肉、黄瓜肉的下方，肘端接扇面骨。

刀工运用：

菜品示例： 香卤猪手

主料： 新鲜的猪手2只（约900克）

调料： 潮式卤水2500毫升，玫瑰露酒15毫升，麻油10毫升，汾蹄汁75毫升

烹饪过程：

①用大火将水烧沸，放入猪手，改慢火煨20分钟（保持虾眼火），熄火，浸30分钟，取出，冲水至冷却。

②将潮式卤水煮沸，放入猪手、玫瑰露酒，用慢火煮5分钟后熄火，再浸15分钟后取出，待冷却后斩件、装盘，淋上麻油和卤水即可（食用时用汾蹄汁蘸食）。

特点： 卤味香浓，肉质爽滑而不腻。潮式风味，香鲜醇美。

附:潮式卤水配方——清水3000克，生抽3000克，绍兴花雕酒200毫升，冰糖300克，姜块100克，葱条200克，生抽200毫升，八角（大茴香）50克，桂皮100克，甘草100克，草果（草豆蔻）30克，丁香30克，沙姜30克，陈皮30克，罗汉果1个，红谷米100克。

（9）猪舌

猪舌就是猪脷,北方人称之为"口条",是中国人爱吃的肉食。其实猪脷是从粤港一带流行开来的说法,广东人把舌叫"脷",做生意亏了叫"蚀",与"舌"同音。为了忌讳这个"蚀",改称为"脷"（音同"利"）。其实,对于这条猪舌头,不止广东人用好意头的称谓来称呼,江苏和湖北叫作赚头,江西叫招财,福建叫猪赚。北京人对猪舌头的称谓就不太好了,叫它老顶。需要提醒一句的是,猪脷不等于猪横脷,"猪横脷就是猪舌头"的说法是错误的,所谓的"猪横脷"是猪的脾脏（学名叫作"胰"）,属于消化系统的器官,长在腹部之中,与肠道横着连在一起的,外形像是一条长舌。

刀工运用：

猪舌的表面有一层硬的舌苔,不仅脏,而且异味较浓,如不刮除干净,会影响菜肴的口味,甚至影响食欲。因此,猪舌初步加工的关键应是刮净舌苔,宜先将猪舌冲洗干净,然后放入沸水锅中泡烫。

①猪舌先用盐擦洗。　②洗净，放入沸水中余5分钟。　③捞起，趁热用刀刮去舌上的苔皮。　④用清水洗净。

菜品示例： 生财好市猪脷

主料： 猪舌 500 克，生菜 150 克

调料： 蚝豉 100 克，盐 3 克，酱油 50 毫升，葱段 25 克，姜片 10 克，蒜瓣 10 克，大料 3 克，花椒 3 克，蚝油适量

烹饪过程：

①将猪舌洗净，投入开水锅中煮 10 分钟左右，取出，用刀把舌上的白皮（即舌苔）刮去，用蚝豉浸泡后煨至入味。

②将锅架在火上，加入盐、酱油、葱段、姜片、蒜瓣，放入大料、花椒（装入布袋扎好），烧开撇沫后烧约 20 分钟，烧出色、味，再放入猪舌烧开，加盖，改用小火卤煮约 30 分钟，卤至猪舌软嫩入味，取出。

③将卤猪舌切片、装盘，生菜灼熟、围边，放上蚝豉，淋上蚝油即可。

特点： 色泽红润、酥嫩适口、鲜咸入味。又名"生财大利"，是很好的意头菜。

（10）猪脑

猪脑又叫脑花、猪脑花儿、猪脑髓，是一种常见的烹饪原料。但在宾馆　饭店的餐桌上却很少看到用猪脑制成的菜品，主要是人们认为猪脑档次较低，再加上猪脑的胆固醇含量较高，食客在食用时多有顾虑。实际上猪脑是一种很好的烹饪原料。

刀工运用：

猪脑表面血筋密布如网，择除起来很费事，可将买回的鲜猪脑在冷水中浸泡 20~30 分钟（季节不同，冷水温度不同，浸泡时间也不同），待血筋网络脱离猪脑表面后，用手指或牙签将血筋全部清除。

①将猪脑置于清水中。

② 用牙签轻轻揭去外表的血衣和血筋。

③猪脑洗净后排放在盘中，不能叠置，因其嫩，容易压碎。

菜品示例：天麻炖猪脑

主料：鲜猪脑适量

调料：绍酒、天麻、枸杞、老葱、生姜、精盐、味精、胡椒粉、鸡精、清汤各适量

烹饪过程：

①将猪脑中的盘筋、碎细骨去干净，并漂洗去血污，浸入绍酒中。

②炒锅中放入水，烧沸后投入猪脑余水；天麻、枸杞用水浸泡后清洗干净。

③炖盅中放入清汤，加入猪脑、天麻、枸杞、老葱、生姜，炖 50 分钟后放入精盐、味精、胡椒粉、鸡精调味即可。

特点：猪脑滑嫩，咸鲜口味，具有滋补作用。

（11）猪肺

猪肺别名玛瑙、肺叶，由单层上皮细胞构成的肺泡组成，全肺为毛细血管网所包绕。肺呈淡红色，富弹性，质柔软如海绵，吸气时胀大，呼气时缩小。

刀工运用：

猪肺在烹调中多为主料，刀工成形一般是块状。因猪肺中的毛细血管较多，所以在处理时一定要灌洗干净。

①将猪肺管套在水龙头上，使水灌入肺内。

②让猪肺扩张，待大、小血管都充满水后，将水倒出。

③一边轻拍猪肺，用力搓并倒去肺中污水，如此反复多次，至肺叶变白。

④割破肺膜，把内外洗净。

⑤切块，放入锅中烧开，浸出肺管中的残物，再洗一遍，另换水煮至软烂即可。

菜品示例：川贝雪梨炖猪肺

主料：川贝母 15 克，雪梨 2 个，猪肺 400 克，冰糖适量

烹饪过程：

①雪梨去皮，切成 2 厘米长的方块；猪肺洗净，挤去泡沫，切成 2 厘米或 1 厘米长的块。

②将川贝母、雪梨、猪肺共置砂锅内，加入冰糖、水各适量，用大火烧沸后用小火炖 3 小时即可。

提示：喝此汤的同时不能吃蟹，否则容易伤肠胃。

（12）猪肠

猪肠性寒、味甘，适宜小便频多者和大肠病变如痔疮、便血、脱肛者食用。猪肠一般可分为小肠（又叫粉肠）和大肠两部分。从十二指肠到盲肠的一段为小肠，是食物消化和吸收的最重要部分。从盲肠到肛门的一段为大肠，是食物残渣的暂时储存所。大肠又称脏食，肌层比小肠肌层发达，长而直，在烹饪中利用大肠较多。

刀工运用：

猪肠可采用套肠翻洗法清洗，就是把大肠口大的一头倒转过来，用手撑开，然后在翻转过来的周围灌注清水，肠受水的压力会渐渐地翻转过来，等到完全翻转后，就可将肠里的污物用手扯去或用剪刀剪去，再用清水反复洗净。猪肠一般刀工成形为段。

①把大肠翻转过来，用水冲一下。
②用手撕去大肠里的淋巴和余油。
③加入盐、面粉（生粉）揉搓。
④冲干净，使之脱去油脂和黏液。
⑤再把大肠翻转回原样。
⑥继续冲洗干净。

注意事项：猪肠腥臭味较重，所以一定要洗涤干净，去尽秽味；除卤、酱外，生猪肠一般不能直接用，一定要先煮熟，然后再制作菜肴。

菜品示例：九转大肠

主料：猪大肠适量

调料：绍酒、酱油、白糖、醋、香菜末、胡椒粉、肉桂粉、葱末、姜末、蒜末、熟猪油、花椒油、清汤、精盐各适量

烹饪过程：

①将猪大肠洗净，用醋和精盐里外涂抹揉搓，除去黏液及污物，漂洗后放入开水锅中，加葱末、姜末、绍酒焖熟，捞出后切成段，再放入沸水锅中氽过，捞出后沥干水分。

②炒锅置火上，倒入熟猪油烧至七成热，下大肠炸至呈红色时捞出。锅内留油，放入葱、姜、蒜末炒出香味，洒醋，加酱油、白糖、清汤、精盐、绍酒，迅速放入肠段炒匀，移至小火上烧至汤汁浓时放入胡椒粉、肉桂粉，淋上花椒油，颠翻均匀后盛入盘内，撒上香菜末即可。

特点：色泽红润、质地软嫩，兼有酸、甜、香、辣、咸五味，鲜香味美、异常适口。

（13）猪心

猪心为猪的心脏，重约500克，性平，味甘、咸。猪心是补益食品，有补虚、养心、安神的功效，适宜心虚多汗、自汗、惊悸恍惚、怔忡、失眠多梦之人与精神分裂症、癫痫、癔病患者食用，高胆固醇患者慎食。《本草图经》称其"不与吴茱萸合食"。

刀工运用：

猪心加工成形多为片状。在切片前，要先将猪心清洗干净，以排去血污。

①剖开猪心。

②除去污血。

③修去废料。

④清洗干净。

菜品示例： 剁椒爆猪心

主料： 新鲜猪心500克，鲜木耳50克

调料： 料酒、生抽、味精、水淀粉、糖、食用油、剁椒、陈醋、葱、姜、盐、蒜各适量

烹饪过程：

①猪心洗净，切成薄片，加入料酒、生抽、味精、淀粉和糖抓匀，腌制30分钟。

②鲜木耳洗净；葱切段，分出葱白和葱青；姜切片；蒜拍扁。

③锅内放食用油烧热，炒香葱白、姜片和蒜，放猪心片、鲜木耳，用大火爆炒至猪心变色。

④加入剁椒、陈醋、生抽、味精、盐和清水炒匀、煮沸，撒入葱青炒匀，用水淀粉勾芡，即可上碟。

（14）牛肉

牛肉是中国人的第二大肉类食品，仅次于猪肉。牛肉蛋白质含量高，脂肪含量低，味道鲜美，受人喜爱，享有"肉中骄子"的美称。

牛肉含丰富的蛋白质，其中的氨基酸组成比猪肉更接近人体需要，能提高机体抗病能力，有利于儿童生长发育及手术后、病后调养的人补血和修复组织。冬季食牛肉有暖胃作用，故牛肉为寒冬补益佳品。

中医认为，牛肉有补中益气、滋养脾胃、强健筋骨、化痰息风、止渴止涎的功效，适于中气下陷、气短体虚、筋骨酸软、盆血久病及面黄目眩之人食用。

刀工运用：

①牛肉表面多筋络，由于这些筋络十分韧，所以在刀功成形前，一定要先片去筋络。

②牛肉质老（即纤维组织粗），筋多（即结缔组织多），必须横着纤维纹路切，即顶着肌肉的纹路切，才能把筋切断，以便于烹制。

 正确的切法　　⊗ 错误的切法

牛肉在烹调中多作主料使用，刀工成形也较多。在切牛肉片或丝时因牛肉质老要垂直纹理切，否则熟后会嚼不烂。

丝：规格为6厘米×0.2厘米×0.2厘米，适用于滑炒、干煸等烹调方法，如"干煸牛肉丝"、"炒牛肉丝"等。

片：规格为4厘米×2.5厘米×0.2厘米，适用于滑炒、熟炒、滑溜、汆、烩等烹调方法，如"沙茶牛肉片"、"蚝油牛肉"、"水煮牛肉"等。

丁：规格为1.2厘米×1.2厘米×1.2厘米，适用于滑炒、爆、溜等烹调方法，如"酱爆牛肉丁"等。

块：规格为4厘米×2.5厘米×1.2厘米，适用于烧、焖、炖等烹调方法，如"卤汁牛肉"、"炖牛肉"等。

蓉：适用于滑炒、煎、炸、蒸等烹调方法，如"牛肉饼"、"牛肉丸"等。

末：规格为0.2厘米×0.2厘米×0.2厘米，适用于滑炒、煎、炸、蒸等烹调方法，如"生煸牛肉末"、"麻婆豆腐"等。

菜品示例： 菠萝炒牛肉

主料： 牛肉250克，菠萝300克

调料： 生姜、糖、料酒、蚝油、食用油、淀粉、胡椒粉、盐各适量

烹饪过程：

①牛肉切成片，加入食用油、生姜、糖、淀粉、胡椒粉、料酒抓匀，腌15分钟，再加入一点食用油拌匀。

②菠萝切成小块，用淡盐水浸泡几分钟后取出，沥干水分。

③炒锅中倒入食用油，烧热，将腌好的牛肉倒入，快速翻炒几下，加入适量蚝油，放入菠萝块，快炒几下即可。

菜品示例： 茶树菇蒸牛肉

主料： 牛肉600克，茶树菇30克

调料： 料酒、食用油、盐、姜末、胡椒粉、蚝油、水淀粉、蒜蓉各适量

烹饪过程：

①牛肉切成薄片，加入料酒、胡椒粉、蚝油、姜末、水淀粉等腌制10分钟。

②茶树菇去蒂、泡净干净，放入盘中，撒上少许盐即可。

③把腌好的牛肉放在茶树菇上，上面再铺一层蒜蓉，入锅蒸5分钟即可。

（15）牛腩

牛腩，即牛腹部及靠近牛肋处的松软肌肉，是指带有筋、肉、油花的肉块，这只是一种统称。若依部位来分，牛身上许多地方的肉都可以叫作牛腩。国外进口的牛腩是以切成条状的牛肋条为主（又称条肉），是取自肋骨间的去骨条状肉，瘦肉较多，脂肪较少，筋也较少。另外，在里脊肉上层有一片筋少、油少、肉多，但形状不大规则的里脊边，也可以称作牛腩，是上等的红烧材料。牛腱也可以算是牛腩的一种，筋肉多，油少，甚至全是瘦肉。

刀工运用：

牛腩的刀工比较单一，一般是先将牛腩冷水下锅，汆烫后洗净，然后切成块。

菜品示例：萝卜焖牛腩

主料： 牛腩250克，洋葱半个，胡萝卜150克，葱5根，芹菜1根

调料： 五加皮45克，杜仲75克，酒、酱油各100毫升、盐适量

烹饪过程：

①将五加皮放置纱布袋中，牛肉汆烫后洗净。

②将葱、芹菜一起切段，洋葱切大块，胡萝卜切块。

③取一深锅，放入所有原料及调料，加水1800毫升，以中火煮沸后，转小火煮1小时，挑去葱、药材等，撒上少许葱花即可。

提示： 牛腩初加工时应冷水下锅，以使牛肉中的血红蛋白更多地溶入汤汁中。

（16）牛排、牛仔骨

牛排按部位可分为沙朗牛排（也称西冷牛排）、菲利牛排（也称新西兰牛排）、"T"骨型牛排、薄牛排等。牛仔骨即牛小排，是牛排中较嫩滑的一种。牛排、牛仔骨原是西餐中常用的原料，近几年被引入中餐后，也开始广泛应用起来，做出多种中西结合的菜肴。

刀工运用：

牛排在西餐中多做去骨处理，以方便食用，但牛仔骨则多数连骨斩件。

大件图

小件图

菜品示例：香煎牛仔骨扒

主料： 冻牛仔骨1件（约150克），番茜1小棵，番茄1个，罐头水蜜桃适量

调料： 橄榄油100毫升，牛油、蒜蓉、干葱蓉、洋葱各50克，生粉、味粉、美极、红酒、孜然粉、辣椒油、盐、砂糖、什香草各少许，食粉1份，蘑菇1茶匙，鲜奶2茶匙，红酒2茶匙，日本烧汁8毫升，忌廉奶15毫升

烹饪过程：

①取煎锅用橄榄油将牛扒用慢火煎熟，加入牛油煮开即可。番茄改刀成盅，放入水蜜桃块。

②取餐具碟1个，放入番茄盅，旁边放一小棵番茜，将煎好的牛扒放入，用剩余的其他调料煮成汁液并淋在牛扒旁边。

提示： 以分餐形式，一人一份，这样可以因人而异，自由掌握每块牛仔骨的嫩度，以满足不同的口感需求。

（17）牛肚

牛、羊的胃为反刍胃，构造复杂，多由瘤胃、网胃、瓣胃、皱胃组成。前三个胃里面没有胃腺，不分泌胃液，统称为前胃；第四个胃有胃腺，能分泌消化液，与猪和人的胃类似，所以也叫真胃；瘤胃和网胃中肌肉较厚实的部位也称牛肚岭。

刀工运用：

牛肚岭的加工

①片去牛肚岭上的牛肚筋膜、边角。

②修整、切开。

③以斜刀法修干净牛肚岭。

④用直刀推法在上面剞花纹。

⑤将原料转90度，继续剞花纹。

⑥切成块。

牛百叶的加工

①顺着牛百叶的层次切开。

②切去边角料。

③将牛百叶层层叠起，然后卷好。

④切成丝。

菜品示例：发丝牛百叶

主料： 涨发好的牛百叶1000克，净冬笋丝100克

调料： 红辣椒丝25克，葱段10克，猪油、料酒、盐、味精、白醋、鸡汤、麻油、红油、胡椒粉、水淀粉各适量

烹饪过程：

①将牛百叶切成细丝，入冷水烧开余水待用。

②将猪油烧至六成热时下入冬笋丝、牛百叶丝煸出香味，烹料酒，放入红辣椒丝、葱段，加入盐、味精、胡椒粉调好味，加入鸡汤，用水淀粉勾芡，放入白醋、麻油、红油翻炒，装盘即可。

特点： 色泽油亮，形如发丝，刀工精细，口感脆嫩，微辣微酸。

菜品示例：麻辣牛肚

主料： 熟牛肚400克，红辣椒75克

调料： 料酒、酱油各15克，精盐、鸡精各2克，味精1克，花椒粉0.5克，香葱丝、湿淀粉各10克，鸡汤25毫升，食用油60毫升，香油10毫升

烹饪过程：

①将熟牛肚、红辣椒切成丝。

②锅内放水烧开，下入肚丝略余后捞出。

③锅内放食用油烧热，下入红辣椒丝略炒，下入熟牛肚丝、料酒、酱油、鸡汤、精盐、鸡精烧开，加入味精、花椒粉、香葱丝炒匀，用湿淀粉勾芡，淋上香油，装盘即可。

特点： 清鲜脆嫩，麻辣鲜香。

（18）牛鞭

牛鞭系牛副产品之一，实际上是由三个海绵体和一层包皮构成，是雄牛的外生殖器，有干、鲜品之分，现在大都使用鲜品，进口、国产均有，质量标准以个大无皮、肉无污物为佳。中国人以形补形的观念根深蒂固，很多人认为食用动物的生殖器可以壮阳、补气血，因此牛鞭也成了"壮阳"的代名词。

刀工运用：

牛鞭加工成鞭花是最常用的刀工成形法，其步骤是：将牛鞭洗净，去掉筋皮后用剪刀从中间剪去血线，洗净杂物；将牛鞭煮至八成熟；剔除尿道部分，再将半成品切成长段，改刀成梳子形花刀。

①将牛鞭初加工处理。（图①～④）

②将牛鞭煮至八成熟，煮后如图。（图⑤）

③将牛鞭加工成梳子型花刀。（图⑥～⑨）

菜品示例： 枸杞烧鞭花

主料： 鲜牛鞭（约750克）、莴笋各适量

调料： 枸杞、酱油、绵白糖、精盐、鸡清汤、色拉油、胡椒粉、葱、姜、绍酒、高汤各适量

烹饪过程：

①将鲜牛鞭洗净，去掉筋皮，用剪刀从中间剪去血线，洗净杂物，用开水氽透后捞出。

②另起锅加水、葱、姜、枸杞、牛鞭一起煮，待牛鞭八成熟时捞出，过冷凉透。再将牛鞭切成长段，改刀成梳子形花刀，装在容器内，放入绍酒、葱、姜、高汤，上屉蒸熟后取出。

③将牛鞭剞刀呈齿轮状，氽水。炒锅上火，加入鸡清汤、酱油、精盐、绵白糖、牛鞭、枸杞烧入味，装盘。将莴笋雕刻成小玉塔，焗油，立于盘中，撒上胡椒粉即可。

特点： 鲜醇微辣。用鲜红欲滴的枸杞衬托，令人大开胃口，此菜是温肾菜。

（19）牛尾

牛尾即牛的尾巴。在西餐厅的菜谱上经常会见到以牛尾为主的经典菜肴如"牛尾浓汤"、"红酒烩牛尾"等，说明牛尾在西餐里占有一定的地位。

刀工运用：

牛尾必须先煺除残毛和剔除淤血，然后除去污秽、割除病灶部，再以清水冲洗干净。将牛尾从骨节处下刀，按骨节剁成段。

①将牛尾放入沸水中余3分钟。

②用刀刮去残毛。

③将牛尾放火上烧一遍。

④将牛尾表皮擦干净。

⑤将牛尾斩成小块。

菜品示例： 红酒烩牛尾

主料： 牛尾1条（约400克），红酒120毫升，胡萝卜、西芹、洋葱各适量

调料： 香叶数片，桂皮、姜各1块，茄汁、蚝油各4匙，老抽、糖各2匙，料酒、味精、水淀粉各适量

烹饪过程：

①将牛尾放入有姜、料酒的沸水中余水，捞出并置锅里，放入香叶、桂皮、姜，加水煮1.5小时左右，至肉软熟后捞出并沥干水分。

②爆香洋葱和牛尾，加水至覆面，放入胡萝卜，用茄汁、蚝油各4匙，老抽、糖各2匙和味精调味，用慢火焖至汁浓。

③加入红酒和西芹再焖10分钟，最后用适量水淀粉勾芡即可。

特点： 松软滑嫩，对美容有益，再配上红酒的香醇，别有一番风味。

（20）羊肉

羊是哺乳纲牛科羊亚科部分动物的总称。羊的种类很多，但作为家畜的羊主要有绵羊和山羊两种。

刀工运用：

宰羊的方法有侧向对穿法和颈下刺心法两种。

侧向对穿法：其部位在耳边咽门处，以左手拇指和食指点正位置，右手执刀，刀口向里，一刀戳穿，拔刀时略向里割，鲜血急流。

颈下刺心法：此法与杀猪法相仿，从颈下部进刀，直刺心脏。若未掌握技术要领，不光吃不上羊血，血还会滞留体内影响羊肉的色泽。剥皮和翻羊肚为主要技术活，山羊剥皮从头部开始，过颈部后不用刀，左手托皮，右手握拳往下猛插。翻羊肚时先把粪便除去，然后将百叶肚边灌水边捏松，用食指伸穿肠口翻过来即可。

羊的初步加工

①用火枪均匀地在羊身上烧一遍，使之表皮收缩。

②砍去羊头。　　　③卸去羊腿。

④将羊身砍为两段。　⑤将羊身做分卸处理。　⑥在羊身上卸下羊肉，以做进一步的加工成形。

菜品示例：东山白切羊

主料： 羊排750克，白萝卜1根

调料： 黑枣10枚，葱10克，姜5克，甜面酱50克，白糖20克

烹饪过程：

①羊排洗净，白萝卜切段。

②羊排入锅，加清水、白萝卜段煮沸，用小火焖10分钟，捞起并洗净。

③锅内复加水，放入羊排、黑枣、葱、姜，用大火煮沸后改用小火煨至皮脆，稍冷捞起，趁热剔去骨，置干净菜墩上，用干净布覆羊皮上，按压结实，自然冷却即冻凝。

④将羊肉切片装盘，配上由甜面酱加冷开水、白糖调制成的酱汁，供蘸食。

特点： 皮酥肉烂，入口不肥。

附：白切羊刀工处理

①将煮好的羊肉趁热剔去骨。

②修整齐边角。

③将羊肉切成约6厘米宽的块。

④以锯刀法切成片。

⑤装盘成形。

（21）兔肉

兔可分为肉用兔、皮肉兼用兔、毛用兔和皮用兔四大类。兔肉与其他肉类相比，具有"三高"、"三低"的营养特点："三高"即兔肉中蛋白质含量高、矿物质含量高、兔肉在人体内的消化率高，"三低"即脂肪含量低、胆固醇含量低、热量低。

刀工运用：

活兔宰杀

①棒击法。

提起兔的后肢，用直径 3~4 厘米的木棒或胶棒猛击兔头的后部，以损伤兔脑的生命中枢致其死亡。注意用力要适度，特别是利用木棒时，如果用力过猛，易造成鼻孔出血。

②灌醋法。

兔子对食醋非常敏感，体重 4 千克的肉兔，可用注射器经口腔灌服食醋 20~30 毫升，灌服后兔很快就会出现呼吸困难、心脏衰竭、口吐白沫而死。

初加工

①用刀背在兔的头部拍一刀，致其昏迷。

②割喉放血。

③用沸水将兔子浸泡3分钟。

④去毛处理。

⑤清洗干净。

⑥剖开兔肚。

⑦取出内脏。

⑧斩去兔脚。

⑨砍去兔头。

⑩斩杀好的兔子。

以上是带皮兔肉的加工方法，如果兔肉要去皮的话，则不需要浸泡和去毛，直接在兔腿跟部割一刀，用手连毛带皮一起扒去即可。

其加工顺序如下：

①用锋利的刀在兔子颈项周围、后肢的关节上方和前肢的肘关节处割成圆形切口，再将两后肢由区关节处沿两大腿内侧挑开。

②把两后肢挂起，剥开大腿和尾根部皮，再用双手紧握兔皮的腹背处向下拉，皮成筒状脱起。

③将脂肪和残肉刮净，用刀自腹中线处将皮筒挑开，使皮板呈现开片状。把毛皮适当地展开，用小钉固定在木板上，毛面向板，内面向外。固定时要注意整形，最好呈长方形。

④把兔头及前肢没剥皮的部分剪掉，除去内脏，剪去脂肪块、残肉和筋头等，把一切都处理完毕以后，从后肢关节处将后肢剪掉，留下完整的胴体。

提示：处死的肉兔应及时剥皮，如果放置时间长，尸体会变僵硬，皮与肉就不容易剥离，这时再强行剥皮往往会使皮板受伤。剥皮要先剥成筒皮，这样不但速度快，而且血液不容易污染毛皮。

菜品示例：锅仔兔肉

主料：鲜兔肉1500克，水发冬菇25克，冬笋50克，净猪五花肉350克，青菜心75克

调料：精盐12克，味精7.5克，绍酒25毫升，花椒5克，胡椒粉1克，芝麻油3毫升，葱、姜各15克，鸡清汤适量

烹饪过程：

①将净猪五花肉切丁待用；鲜兔肉洗净，切成3厘米见方的块，放清水中浸泡4小时，捞出放盆内，用精盐、绍酒、葱、姜、花椒腌制4小时，再用清水洗净。

②将鲜兔肉放入开水锅余水，捞出后洗净。把鲜兔肉、净猪五花肉丁、鸡清汤、葱、姜、绍酒放入砂锅，上火烧沸，撇去浮沫，加盖，用微火炖至兔肉酥烂，拣去葱、姜，加入冬菇、冬笋、青菜心烧开，放入味精、胡椒粉，淋上芝麻油即可（若配蒜泥蘸食，更具风味）。

特点：兔肉酥烂、鲜香肥嫩、风味独特。

（22）鸭肉

鸭是由野鸭驯化而来的水禽，主要产于华东、华南、华北、西南等地。现今鸭属中家鸭的外形和生活习性与其野生祖先绿头鸭和斑嘴鸭有许多相近之处。

鸭按经济用途可分为肉用型、蛋用型和兼用型三个类型。鸭的常见品种有很多，仅我国就有良种鸭 20 多种。

①北京鸭：原产北京西郊玉泉山一带，是世界著名的肉用鸭。该鸭生长快，易育肥，肉质好，脂肪多。由于人工饲养，其消化系统发达，体形大，腿短粗，胸部丰满。成年公鸭重 3.5~4 千克，母鸭重 3~3.5 千克。它是"北京烤鸭"的专用鸭。

②娄门鸭：原产于江苏苏州娄门地区，体形大，胸部丰满，含脂中等，肉质细嫩而白，口味鲜美，是良好的蛋肉兼用鸭。

③高邮鸭：原产于江苏高邮地区，以产双黄蛋最为闻名。成年公鸭重约 2.6 千克，母鸭重约 2.5 千克，为蛋肉兼用鸭。

④建昌鸭：产于四川西昌一带，蛋肉兼用鸭。该鸭生长快，体形大，成熟早，肝肥大，肉肥而不腻，香味浓郁。

刀工运用：

活鸭的加工步骤：宰杀—放血—泡烫—煺毛。

鸭的宰杀、煺毛方法与鸡基本相同。先准备空碗 3 个，里面放入清水和食盐，1 只鸭可用清水 100 毫升、食盐 5 克。在宰杀前，先给鸭喂一些冷水，并用冷水浇透鸭子的全身，这样就容易煺毛。

宰杀时，左手的虎口握住鸭的翅膀，并用小指勾住右腿，将鸭的头颈用力往后拔，紧握在虎口处，使鸭颈部的血管、气管凸出，随即拔去少许颈毛，右手持刀，用力割断气管和血管；将刀放下，右手迅速抓住鸭头，左手提高，将血放在事先准备好的盐水碗里，直到血全部滴尽，将鸭头夹在翅膀内，放在一边。

用筷子将血液和盐水搅匀，等其凝固。待鸭子无力挣扎，但身体仍有余温时，就可以进行泡烫、煺毛了。

煺毛方法

①温烫。

适用于嫩鸭的煺毛，温烫的水温要以 60℃~70℃为宜。将鸭子放入盆内，边煺边烫。先烫双脚，除去脚皮，再烫尾部和翅膀，拔去尾部、翅膀的硬毛，再烫颈部，倒推去颈毛，最后再烫全身，用手拔或用手倒推去全身羽毛。

②热烫。

适用于老鸭的煺毛，热烫的水温以80℃~90℃为宜。将鸭子放在盆内，用热水泡烫，同时用木棒将鸭子左右翻动、搅拌，搅至鸭毛能自然脱落时取出，用手拔或用手倒推煺去鸭身上的羽毛及尾部、翅膀的粗毛。

在泡烫、煺毛时要注意：在宰杀之前，要给鸭多喂些冷水，并用冷水浇透全身。鸭毛煺尽后，应将表面的黄屎皮搓净，以免在烤制时不上色，影响菜肴的色泽。

鸭的出骨方法基本和鸡相同，一般可分为以下五个步骤：

①在鸭的头颈处（两肩当中的地方）沿着颈骨直划一刀，将颈部的皮肉划开约7厘米的一条长口，把刀口处的皮肉用手掰开，将颈骨从刀口处拉出，在靠近鸭头的宰口处将颈骨斩断。注意刀口不可割破颈皮，还可先在鸭头宰杀的刀口处割断颈骨，再从8厘米的割口中拉出颈骨。

②从颈部刀口处将皮翻开，鸭头往下，再在左边翅膀一面，连皮带肉缓缓向下翻剥，剥至臂膀骨关节露出，把关节上的筋割断，使翅膀骨与鸭身脱离。用同样的方法将右边的翅膀骨关节割断。然后分别将翅膀的左右臂骨（即翅膀的第一节骨）抽出、斩断，翅膀桡骨和尺骨（即翅膀的第二节骨）就可以不抽出了。

③把鸭竖放，将背部的皮肉外翻剥离至胸和脊背中部后，将胸部的皮外翻，剥离至胸骨露出，然后把鸭身、皮肉一起外翻，剥离至双侧腿骨处，用刀尖将大腿骨的筋割断，然后分别将两腿骨向背后部掰开，露出股骨关节，将筋割断，使两侧腿骨脱离鸭身，再继续向下翻剥，直剥至肛门处，把尾尖骨割断，鸭尾应连接在皮肉上。这时鸭躯干骨骼已与皮肉分离，随即再将肛门上的直肠割断，洗净肛门处。

④在髋臼处割断连接股骨头的韧带，分别沿左右股骨头将皮肉往下翻剥至膝盖骨上端，将股骨斩断、抽出。斩时要留一小节股骨连接膝盖骨，让其仍附着在皮层上，使之封闭皮层的膝关节，在嵌馅时不致漏馅。在膝关节下端，除留一小节胫骨、腓骨连着膝关节起封闭作用外，即可将小腿骨连皮带骨斩断。也有将小腿的胫骨、腓骨也出尽的，如无特殊要求，一般都不出小腿的胫骨、腓骨。

⑤鸭的骨骼出完后，可将其翻转，使鸭皮朝外，鸭肉朝内，这样在形态上看来仍为一只完整的鸭。在鸭腹中加入馅料，经过加热后，仍然饱满好看，如"八宝葫芦鸭"。

第四章 刀工应用

菜品示例：八宝葫芦鸭

主料： 水发海参、水发鱿鱼、水发猪蹄筋、干贝各50克，水发冬菇、冬笋、火腿、发好的莲子、糯米各25克

调料： 姜末2克，鸡蛋1个，葱段、姜片各20克，湿淀粉10克，饴糖10克，精盐7克，味精2克，料酒5毫升，酱油25毫升，猪油25毫升，花生油2500毫升

烹饪过程：

①将加工好的仔鸭用整鸭脱骨法剔骨后，保持形态完整，洗净待用；海参、鱿鱼、猪蹄筋、冬菇、冬笋、火腿均切成小雪花片，用开水烫一下；干贝蒸烂后撕成小块；莲子蒸烂；糯米蒸半熟后捞出，沥去水分。取盆一个，放入各种原料，加入精盐、味精、料酒、姜片、猪油和鸡蛋清，拌成八宝馅备用。

②从腹腔内将鸭翅膀抽拉到里面，半馅填入，并把鸭头塞进去一半，用纱布条将口扎住，再从翅膀处掐成上小下大的葫芦形。细腰部分用纱布打成活结，扎住。把已成形的葫芦鸭在开水锅中略浸一下，捞出，晾干水分，将饴糖化开，在鸭身上均匀地抹一遍。

③锅放旺火上，倒入花生油，烧八成热，投入八宝鸭，炸至呈柿黄色后捞出，解去纱布条。将鸭放在腰盘里，加入葱段、姜片、精盐、味精、料酒和酱油，上笼蒸酥烂，取出后拣去葱段、姜片，汤汁滗入锅内，煮沸勾后用湿淀粉勾芡，下明油，起锅浇在鸭身上即可。

（23）鹅

鹅是家禽中体形较大的种类，在我国饲养较多。鹅根据体形可分为大、中、小三类，以中、小型较多，著名品种有狮头鹅、奉化鹅、中国鹅等。

中国鹅：体躯呈方形，头大颈粗，前躯略高。公鹅昂首健步，姿态雄伟。头部前额肉瘤发达，向前突出，覆盖于喙上。两颊有左右对称的肉瘤 1~2 对，肉瘤黑色。公鹅和 2 岁以上母鹅的肉瘤特征更为显著。喙短、质紧、黑色，与口腔交接处有角质锯齿。脸部皮肤松软，眼皮凸出、多呈黑色，外观眼球似下陷，虹彩褐色。颌下咽袋发达，一直延伸至颈部。胫粗，蹼宽，胫、蹼都为橘红色，有黑斑。皮肤米黄色或乳白色。体内侧有似袋状的皮肤褶皱。

狮头鹅：原产于广东潮汕饶平县，属大型鹅。头大眼小，皮肤松弛，公鹅脸部有很多黑色肉瘤，并随年龄而增大，因略似狮头而得名。此鹅生长快、成熟早、肉质优良，净肉率高。成年公鹅重 10~15 千克，母鹅重 9~12 千克。

奉化鹅：主要产于浙江奉化地区，体形较高大，羽毛洁白，胸肋发达，臀部丰满，骨软肉鲜。生长速度快，从出壳雏鹅到成年鹅，一般只需 60 天。成年公鹅重 7~8 千克，母鹅重 6~7 千克，属中型鹅。

鹅的初加工方法大致如下：

①用绳索套紧鹅的一只脚吊起，绕至翼后，用拇指和食指钳住鹅颈，将其拉直，再在鹅颈近头部处割断喉管，并迅速将鹅头稍向上弯，使血流出。

②泡烫、煺毛的方法大致与鸡相同。

③取内脏时先斩去两对翅膀和掌，在鹅胸近肛门处切刀约 7 厘米，再把食指和中指伸入肚内，取出肾、肠、肝、心，洗净鹅身便可。

刀工技艺

刀工运用：

①将鹅从腹部剖开。

②用手掰开胸腔。

③掏出内脏。

④拉出食管并丢弃。

⑤斩去鹅掌。

⑥斩去双翅。

菜品示例： 脆皮烧鹅

主料： 黑棕鹅1只（约3500克）

调料： 精盐350克，白糖150克，沙姜粉25克，芝麻油15毫升，八角、蒜肉、姜块、生抽各适量

烹饪过程：

①选用开肚腔取脏和去翅去掌的黑棕鹅，用手将约200克的精盐涂匀鹅腔，同时放入适量八角、姜块和蒜肉，然后用鸭尾针缝好肚腔，再用作增氧泵打气的方法将鹅身打胀。

②用手拿着鹅腿关节，将鹅头放入开水中，迅速烫过，然后再换手握住鹅颈，将鹅身放入开水中，以将鹅皮均匀烫紧，然后将光鹅放入清水之中，将鹅身稍微漂冷，以避免光鹅受热过长溢出油脂，影响皮色和脆化程度。

③晾干水分后，用开匀的糖浆涂匀光鹅全身，然后用烧鸭环从鹅翅底勾起，将鹅头绕转夹在烧鸭环的钢圈内，再将鹅翅整理贴服。

④之后将鹅背向火、胸向壁，勾放入微火的烧烤炉中，用慢火低温开盖焙至表皮干爽，然后放在风扇前将鹅身吹凉。

⑤待烧烤炉达到高温，将鹅挂入炉中，同样是将鹅背向火、胸向壁，盖上炉盖，焖烧约15分钟，在鹅只烧至金红色后，取出并将鹅只平放，视开腔处有滚滚的清水溢出即代表鹅已被烧熟。鹅烧熟后，趁热用排笔涂上生油以增加光泽。

186